基礎から学ぶ 機械製図

3Dプリンタを扱うための
3D CAD製図法

門田和雄

SB Creative

著者プロフィール

門田和雄（かどた かずお）

宮城教育大学教育学部技術教育講座准教授。東京工業大学大学院総合理工学研究科博士課程（メカノマイクロ工学専攻）修了。博士（工学）。機械技術教育の実践と研究を活動の柱にして、機械やロボットに関するさまざまな教育研究活動に取り組んでいる。著書は『基礎から学ぶ機械工学』『基礎から学ぶ機械設計』『基礎から学ぶ機械工作』『暮らしを支える「ねじ」のひみつ』（サイエンス・アイ新書）ほか多数。

本文デザイン・アートディレクション：クニメディア株式会社
イラスト：保田正和（http://www.vesta.dti.ne.jp/~yasuyasu/）
校正：曽根信寿

はじめに

機械設計から機械工作へ至る過程では、かならずなんらかの図面が必要になります。なぜなら、どのような形状の機械部品をつくりたいのかを正しく、はっきりと図面に示すことができないと、どのようなものをつくればよいのかわからないからです。特にものづくりの場面では、設計と工作を別の人が行うことも多いため、つくりたいものを他人に伝えるための図面は欠かせません。また、設計と工作を1人で行う場合でも、複数の機械部品を用意して1つの機械を組み立てるときに、各部品の寸法をきちんと残しておかなければ、あとあと困ることになります。現物合わせで、そのつど形を整えていくのは、非効率なものづくりです。それを回避するためにも、適切な図面を描けるように機械製図を学ぶ必要があります。

ひと昔前の機械製図は、定規とコンパスを用いて、鉛筆やシャープペンシルで描くのが一般的でした。機械系や建築系の学生は、製図板上に平行を保つことができるドラフターの前で図面と格闘し、製図用紙を丸めて入れる円筒形の図面ケースをもち歩いていました。

その後、コンピュータを用いて設計を支援するという目的でCAD（Computer Aided Design）が登場し、コンピュータで2次元の作図をする2D CAD、そして、造形物を立体的に表示して作図を行う3D CADが登場します。近年、それまでは高価でなかなか入手が難しかった3D CADの低価格化が進み、フリーソフトも登場しています。最近話題の3Dプリンタも、3D CADの入手が容易になったことが普及に大きく貢献しています。

機械製図の学習を、手書きから始めるか、2D CADで始めるか、3D CADで始めるかについては、以前からさまざまな議論があります。本書のスタンスとしては、図面作成ツールとして今後ますます普及すると考えられる3D CADの活用を視野に入れます。ただし、2D CADをまったく知らずに3D CADだけを覚えるのは実質的には難しく、機械製図のルールなどを学ぶときにも2D CADの考え方は欠かせませんし、まだまだ2D CADが使用されている分野はたくさんあります。

本書では2D CADと3D CADを別々のものとしてとらえるのではなく、3D CADの活用を視野に入れつつ、2D CADとの関連について説明するという手法を取りたいと思います。

なお、本書で使用する3D CADは、第1章と第2章では、近年フリーで使いやすいと評判の「Fusion360」を、第3章以降では、機械分野で幅広く用いられている3D CADである「SolidWorks」（ソリッドワークス）を使用しています。Fusion360は、2015年11月時点ではフリーで使用できます。SolidWorksは有料ですが、体験版などもあります。しかし、本書の目的は、これらの3D CADの詳細な活用法を紹介することではありません。3D CADに触れたことのない方にも、実際の機械製図の描き方を知ってもらうことに重点を置いています。

機械製図は単に図形を描く作業ではなく、機械設計や機械工作に関する幅広い知識や技術が総合的に必要となる高度な作業です。前著『基礎から学ぶ機械設計』『基礎から学ぶ機械工作』と本書『基礎から学ぶ機械製図』の3部作を活用していただくことで、それらの基礎を身につけることができるはずです。

2015年12月　門田和雄

基礎から学ぶ機械製図

3Dプリンタを扱うための3D CAD製図法

CONTENTS

設計どおりに工作するには、正しい図面が必要だ！
Φ8×20
Ra6.3
基礎から学ぶ機械設計
基礎から学ぶ機械工作
設計
工作
ここをつなぐ１冊！
3D
PRINT

CONTENTS

第 1 章
機械製図事始（ことはじめ）

ものづくりは、つくろうとするものを図面に表すことから始まります。本章では、特に“キカイ”を製図するにはどんなことを学んでいけばいいかを見通して、さっそく 3D CAD の基本的な操作を体験してみましょう。

機械製図とは

機械設計と機械工作の橋渡し

キカイには「**なんらかのエネルギーの供給を受けて、決められた動きをするメカニズムをもち、なんらかの有効な仕事をする**」という定義があります。そして、人間が考案したキカイを実現するために、**機械設計→機械製図→機械工作**という順序で作業が進められます。

機械設計では、つくろうとするキカイのメカニズムや強度計算、使用する歯車やねじなどの**機械要素**をまとめます。そして、規格品として市販されている機械要素を選定したり、オリジナルの部品ならば、機械工作で金属の板や棒などをさまざまに加工します。それでは、機械設計と機械工作の間にある機械製図では、どのような作業をするのでしょうか。

機械製図とは、機械工業の分野で使用する**製図**のことをいいます。製図には、1枚の用紙に1つの部品を表す**部品図**や、複数の部品を組みつけた状態を表す**組立図**などがあります。機械製図が単なるスケッチやイラストと異なるのは、**日本工業規格**（**JIS**）において、その表記法が定められている点です。JISにおいて機械製図は、『JIS B 0001 機械製図』に規定されています。

機械設計した結果は、機械製図として表記することで、初めて外部に伝えることができるようになります。そして、部品図は加工工場に送られて、各種の工作機器により部品が加工されます。もしも、この図面が機械設計者の独自のルールで描かれたものであるならば、機械工作する者にその寸法や形状などの詳細が伝わらないこともあります。

機械製図に関する表記法を統一しておくことで、それを習得した人なら誰でもその図面を読めるようにしておけば、作業効率もよくなるのです。たとえば、英会話ができるようになると、世界各国の人々とコミュニケーションをとることができるのと同じで、機械製図を覚えておけば、その図面で世界各国の人々とコミュニケーションをとることができるのです。

本書では、前著である『基礎から学ぶ機械設計』で学んだ設計法、『基礎から学ぶ機械工作』で学んだ工作法を踏まえて、機械製図における知的作業について、説明したいと思います。

デジタルファブリケーションにも必須の機械製図

近年、**3Dプリンタ**を代表とするデジタル工作機械が身近になり、デジタルなものづくりに取り組む方が増えています。ところが、実際にデジタルなものづくりに取り組もうとすると、つくりたいもののデ**ジタルデータ**がかならず必要になります。すなわち、デジタルデータを作成できないことには、どうしようもないのです。

少し前ならば、ここで思考停止に陥るところですが、現在はデジタルデータを作成するソフトウェアが安価になり、また無料で使えるものも登場しているので、いくらかの努力でその操作を覚えてしまえば、自分だけの一品を製作できます。3Dプリンタで出力するためのシンプルな形状のデジタルデータの作成は、機械製図と呼ばないかもしれませんが、部品を組み合わせて動くものをつくろうとするときや、ねじや歯車などの機械要素を活用する場合などでは、機械製図の知識と技能が必須です。

それでは、ものづくり工科大学における授業の場面を通して、機械製図を学んでいくことにしましょう。

図1　ものづくり工科大学の外観（イメージ）

キカイ専攻2年のメカノです。ものづくりが好きで、キカイに関するいろいろなことを学んでいます。機械設計や機械工作が大好きです。自分でものをつくるためには、機械製図の知識と技能が欠かせないことがわかってきました。最近学校に導入された3Dプリンタを使いオリジナルの作品を出力したいので、本格的に3D CADを学んでみたいと思っています。どうぞよろしくお願いします。

メカノ君

デンキ専攻2年のエレキです。デンキが好きで、これまで電気回路や電磁気学などを学んできました。そこで、どうしても水中ロボットがつくりたくなり、メカノ君と同じロボット技術研究会に入りました。機械設計や機械工作の実際を学ぶうちに、やはり自分がつくりたいもののためには、先輩方のように3D CADを使いこなしたいと思うようになりました。デンキ専攻ですが、がんばります。どうぞよろしくお願いします。

エレキさん

秋学期のガイダンス

今日から2年生の秋学期がスタートするということで、大講堂に学生たちが集まっています。4月にはまだキレイだった作業着も油汚れがついて、学生たちは少し貫禄がでてきたように見えます。

夏休み中に水中ロボットのコンテストで優勝したチームの表彰式などもありました。春学期に機械設計と機械工作を学んだ学生たちは、いよいよ秋学期から本格的に機械製図を学んでいくことになります。メカノ君もエレキさんも、新たな気持ちで新学期を迎えています。

テクノ先生

みなさん、おはようございます。学部長のテクノです。春学期の機械設計と機械工作に引き続き、秋学期はいよいよ機械製図を学んでいきます。この3つの教科を総合的に学ぶことで、ようやく自分のつくりたいものを製作できるようになります。みなさんがこれらの知識や技能をしっかりと身につけて、将来、立派なエンジニアとして活躍できるように、担当教諭の説明をきちんと聞いて、積極的に取り組んでください。

3D CADを使ってみよう

テクノ先生：それでは、これから機械製図の授業を始めます。機械製図の規則として覚えてもらうことがいろいろあるので、これから少しずつ覚えていきましょう。今日は、さっそく3D CADを体験してほしいので、コンピュータ室に集まってもらいました。もしかすると「3D CADって難しいのでは？」と思っている人もいるかもしれません。今日は基礎のキソとなる操作なので、難しいことはまったくありません。

ただし、操作手順をきちんと聞いていないと、途中でなにをしているかわからなくなるので、1つひとつの操作を確実に行ってください。CADではあいまいな操作は許されません。もしなにかわからないことがあったら、まわりに大学生のティーチングアシスタントもいるので、いろいろ聞きながら進めてください。

最初に描いてもらうのは**図1**の図形です。

図1　完成図

初めに、長さ100×50mmの長方形を描きます。

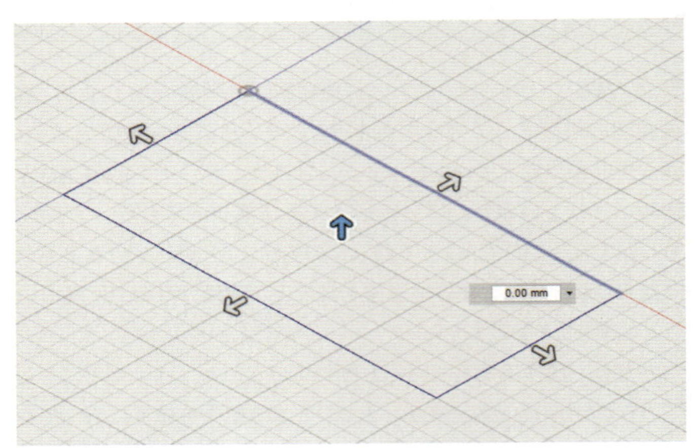

図2　長方形を描く

次に、高さを10mmとり、直方体を描きます。

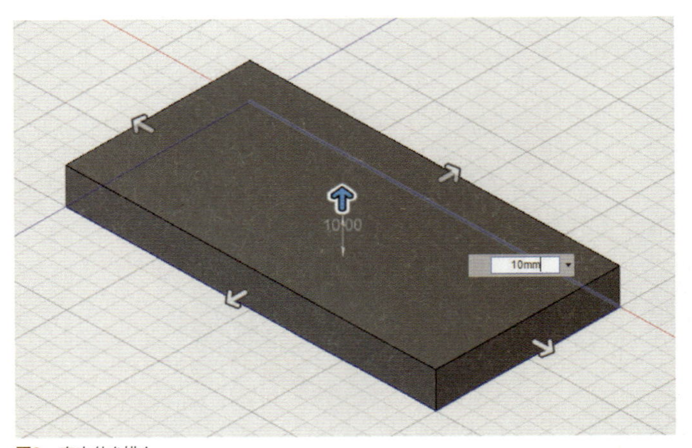

図3　直方体を描く

視点を上面にして、左側半分の中心から直径30mmの円を描きます。

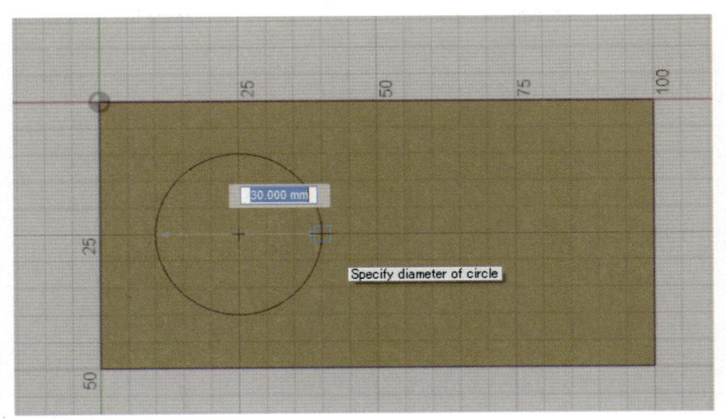

図4　左側に円を描く

円を20mm押し出して、円柱を描きます。

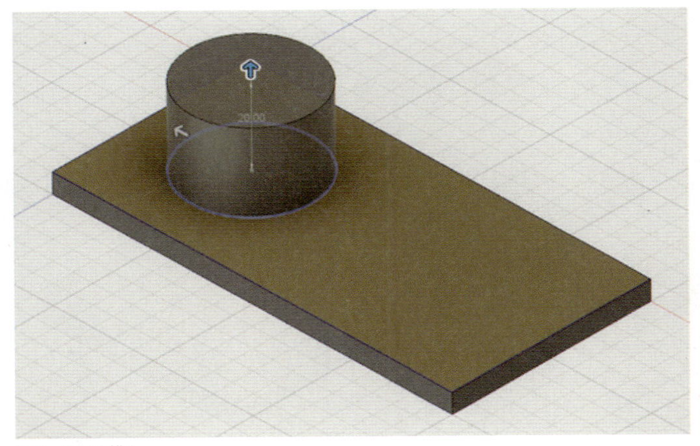

図5　円柱を描く

ふたたび視点を上面にして、右側半分の中心から直径30mmの円を描きます。

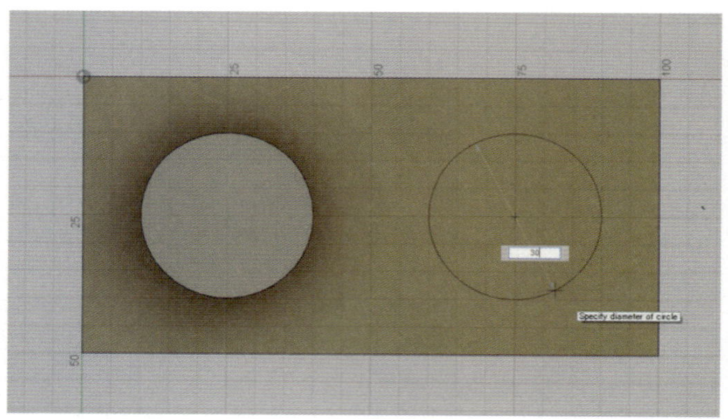

図6　右側に円を描く

円を10mm押し出して、円を貫通させます。

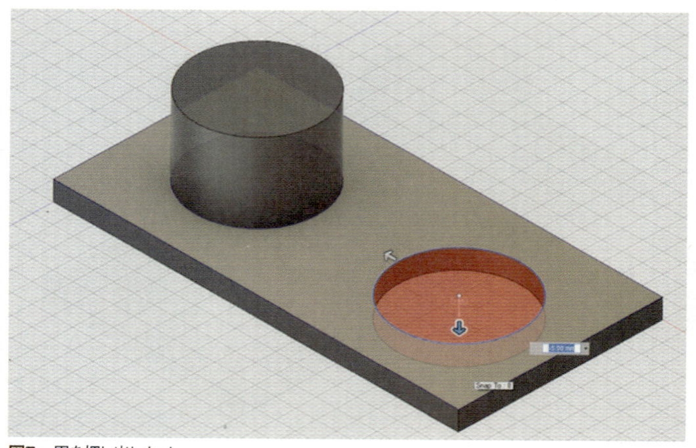

図7　円を押し出しカット

押し出しカットが終了した図です。

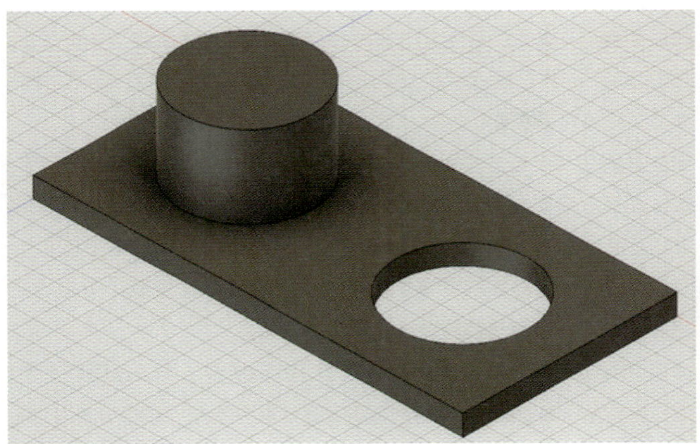

図8　押し出しカット終了

青色に着色します。

図9　青色に着色

メカノ君：へ～、意外と簡単に3Dの図形が描けますね。ほかのコマンドなども、早く覚えたいものです。

エレキさん：ええ、私もここまでは予想以上に簡単にできました。この3Dデータを最近学校に入った3Dプリンタに送れば、立体物がでてくるんですね。

テクノ先生：そうですか。まずは難しく感じなくてよかったです。なにごとも最初が肝心なので、意外と簡単に感じて、さらに高度なことを学んでいきたいと思えば、どんどん覚えていけるでしょう。ソフトウェアはある程度集中して覚えていくのが上達の近道なので、できるだけ毎日操作するといいですよ。

メカノ君：はい。早く覚えたいので、毎日練習したいと思います。

エレキさん：コンピュータ室での演習はもちろん、このソフトウェアは無料とのことなので、自分のノートパソコンにインストールして、自宅でも練習したいです。

テクノ先生：よい心がけです。少し前まではこのような3D CADは高価で、なかなか個人のパソコンで使うことはできなかったのですが、いまは無料で使えるものもあります。よい時代になったものです。

あとでくわしく紹介しますが、2次元の製図では図形を**図10**のように表記します。2D CADが普及する前は、これを定規で描くのが製図の学習でした。いまでもそれを製図の基礎として教えている学校もあります。君たちは、**図10**の3枚の図を見て、**図9**の立体物を思い浮かべることができますか？　ちなみに、左下の図を**正面図**、左上の図を**平面図**、右下の図を**側面図**といい、このように表記する投影法を**第三角法**といいます。

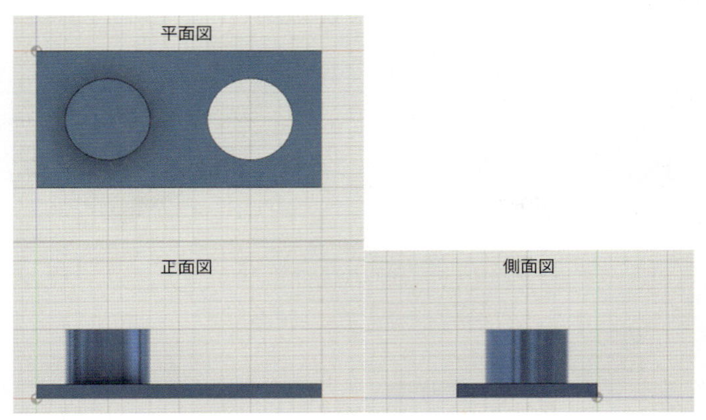

図10　第三角法で表した図面

メカノ君：え～、この3つの図からあの立体物をイメージするんですか？　ちょっと難しいですね。ただ、あとからほかの人に各部の寸法を伝えることを考えると、この図形に記入したほうがわかりやすそうですね。

エレキさん：私もちょっとわかりにくいです。これはつまり、**図9**の立体物を透明の立体ケースに入れて、3つの方向からながめたものを表しているようですね。

テクノ先生：みなさんは幼いころからゲームなどで立体図形に親しんできたので、3Dのほうが実感しやすいかもしれません。いまも第三角法はたくさん用いられている投影法なので、なくなることはないと思いますが、かならずしも手書きや2D CADから入る必要はなく、3D CADで図形を描いたあとに、コマンドをクリックすれば、この図形がすぐにでてきます。

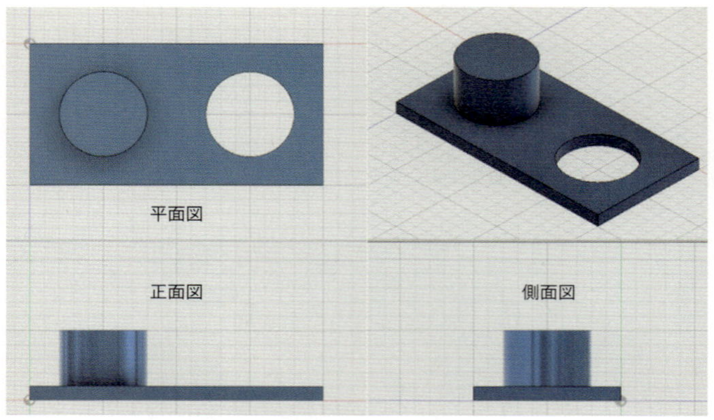

図11 3D CADの図形を第三角法で表記

メカノ君：簡単に変換できますね。右上の空いたスペースに3D CADでの図面が表示されているのもいいですね。これなら、3D形状を思い浮かべながら、正面図、平面図、側面図をイメージできます。

エレキさん：私もイメージしやすいかな。でも、3D図面だけではだめなのでしょうか？

テクノ先生：そうですね。全体的には3D図面の方向に向かってはいますが、現時点では、この事例のように、3Dと2Dの図面をうまく使い分けて活用していくのがいいでしょう。

ところで、投影法にはもう1つ**第一角法**というのがあります。たとえば**図12**のように表記するのですが、第三角法との違いがわかりますか？　正面図が右上にあるのがポイントです。

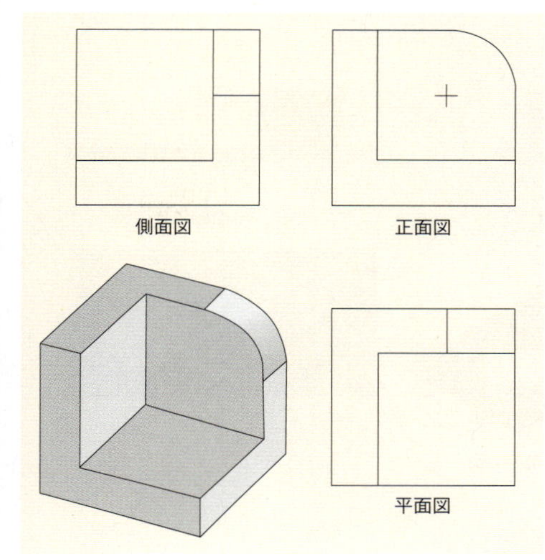

図12　第一角法

メカノ君：立体物を透明の立体ケースに入れて、それぞれの方向からながめたのが第三角法でしたが、こちらは図形の位置が変わっていますね。どうしてこんな配置になるんだろう？

エレキさん：おそらく、透明のケースからながめるんじゃなくて、各方向から光を投影して、反対側の面に写しだされた図形を表記しているからではないですか？

テクノ先生：そのとおり。海外では第一角法が使われることもあるので、覚えておくといいでしょう。ちなみに、最初の例を第一角法で示すと**図13**のようになりますよ。

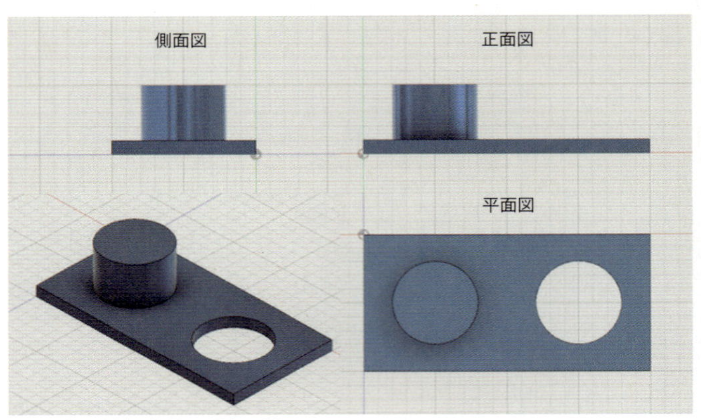

図13　第一角法で表示した最初の例

このあと、メカノ君とエレキさんはほかのコマンドなども少しずつ覚えながら、3D CADの操作を覚えていきました。コンピュータの画面内で画像をグリグリと回転させながら、自分が頭の中にイメージしたものを立体物に仕上げていく過程に、とても興味をもったようです。

ただし、正しく相手に伝えるための図形を描くには、いくらかの製図規則を学んでいく必要があります。それらの中にはやや細かな規則もあるのですが、必要に応じて作成されてきたものであるため、少しずつ覚えていきましょう。

第２章
製図の基礎

つくりたいものを図面に表して、第三者に確実にその内容を伝えるためには、製図が正確かつハッキリと行われなければなりません。そのために、いくつかの約束事を決めておく必要があります。ここではそうした製図の基礎について学びましょう。

文字の表し方

第1章では第三角法の簡単な例を紹介しましたが、実際にいろいろな図面を描くようになると、製図を正確かつハッキリ描くために、いくつかのルールが必要になります。製図の図面に表される情報は図形だけでなく、文字や線などもあります。まずは文字の表し方について、説明します。

手書きで文字を書く場合、当然のことですが、文字は正確かつハッキリと書く必要があります。このとき、書道で見られるようなくずし字ではなく、角張った字で書きます。具体的には**A形**、**B形**などの基本形があり、基準枠の高さなどが規定されています。基準枠の高さhは、漢字の場合、3.5、5、7、10mm、かな・ラテン文字・数字・記号の場合、2.5、3.5、7、10mmから選びます。文字の線の太さdは、漢字の場合$d=\left(\frac{1}{14}\right)h$、かなの場合は$d=\left(\frac{1}{10}\right)h$、文字のすき間$a$は、漢字・かなの場合$a \geqq 2d$です。また、ベースラインの最小ピッチ$b$は、漢字・かなの場合$b=\left(\frac{14}{10}\right)h$となります。

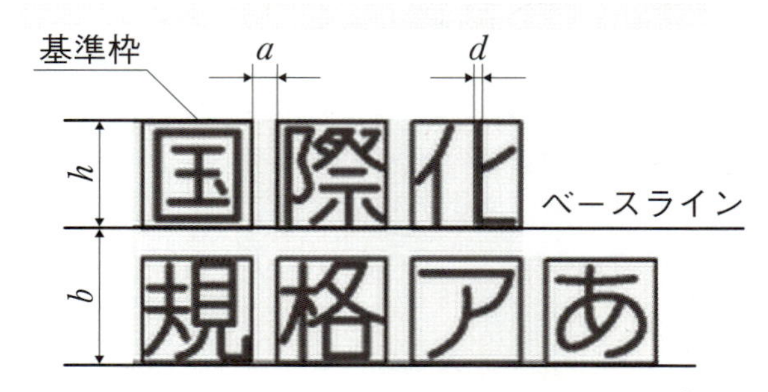

図1　製図の文字

手書きでの製図では、鉛筆よりも製図用シャープペンシルを用いることが多くなっています。どれを用いる場合でも、図形を表した線の濃度にそろえ、同じ大きさの文字はその線の太さをなるべくそろえて均一に書きます。

なお、ラテン文字および数字は右に15°傾けた斜体を用いるのが一般的ですが、傾けなくてもかまいません。また、かなの表記はカタカナかひらがなのどちらかにかならず統一する必要があります。数字はおもにアラビア数字、英字はローマ字の大文字を用い、記号その他で特に必要がある場合は、小文字でもよいことになっています。ただし、1つの図面の中で書体が混在しないようにします。

CADを用いる場合にも、文字に関する基本原則は同じです。フォント（書体）についても特に規定されていませんが、漢字やひらがな、カタカナは全角文字、ラテン文字や数字は半角文字を用います。また、文字の書体は、直立体（ローマン体）または斜体（イタリック体）を用い、混在はしないようにします。

図2　A形斜体でのラテン文字と数字の表記

線の表し方

製図に用いる線には、線の形や太さによる分類があり、これらを組み合わせて用います。線の形による種類には、図形の外形を表す**外形線**に用いる太い実線、図形の寸法を表す**寸法線**や**寸法補助線**、**引出線**などに用いる細い実線、対象物の見えない部分の形状である**かくれ線**に用いる破線、図形の中心を表す**中心線**に用いる細い一点鎖線、隣接部分を参考に表す**想像線**に用いる細い二点鎖線、対象物の一部がかぶった境界、または一部を取り去った境界を表す**破断線**や**切断線**に用いる不規則な波形の実線またはジグザグ線などがあります。

線の太さには、細線・太線・極太線の区別があり、その比率は1:2:4と規定されています。たとえば細線を0.25mmとしたときは、太線は0.5mm、極太線は1mmになります。CADを用いる場合にも、線に関する基本原則は同じです。

メカノ君：文字や線についてこんなに細かく決められているなんて、驚きました。急に難しく感じてしまいます。そもそもボクは字がへたなので、ますます心配です。

エレキさん：だいじょうぶよ。CADを使えば、どんな文字でもきれいになるもの。

テクノ先生：そのような流れに向かっているのは確かですが、なにごとにもていねいに取り組んでいかないといけません。ふだんから正確かつハッキリと書くことに慣れておきましょう。

表1　線の種類および用途

用途別名称	線種		線のおもな用途
外形線	太い実線		対象物の見える部分の形状を表す
寸法線	細い実線		寸法の記入
寸法補助線			寸法記入の際の図面からの引出線
引出線			注記などを記入する際の引出線
回転断面線			90度の回転断面を記入する際に用いる
中心線			図形中心線の簡略図示
かくれ線	破線		対象物の見えない部分の形状を表す
中心線	細い一点鎖線		図形の中心の図示
			図形移動の際の中心軌跡
想像線	細い二点鎖線		・隣接部分を参考に表すのに用いる ・工具、治具などの参考位置を表す ・稼働部の移動後の場所などを表す ・加工前または加工後の形状を表す ・断面図の手前にある部分を表す
重心線			断面の重心を連ねた線を表す
破断線	不規則な波形		対象物の一部を破った境界、または一部を取り去った境界線を表すのに用いる
切断線	細い一点鎖線で、端部および方向の変わる部分を太くしたもの		断面図を描く場合、その切断位置を対応する図に表すのに用いる

図形の表し方

製図で使われる**寸法補助記号**には、**表2**のようなものがあります。これらは寸法と組み合わせて使うものが多く、より正確な表記のために使われます。

表2 寸法補助記号

区分	記号	呼び方
円の直径	Φ	まる
半径	R	アール
球の直径	SΦ	エスまる
球の半径	SR	エスアール
正方形の一辺	□	かく
円弧の長さ	⌒	えんこ
板の厚さ	t	ティー
45°の面取り	C	シー

(1) 円の直径

図3に示すような図形を投影図に表そうとしたとき、どのような図を描けばいいでしょうか。

このとき、円の外形を120mm、内径を60mm、円筒の幅を40mmとします。

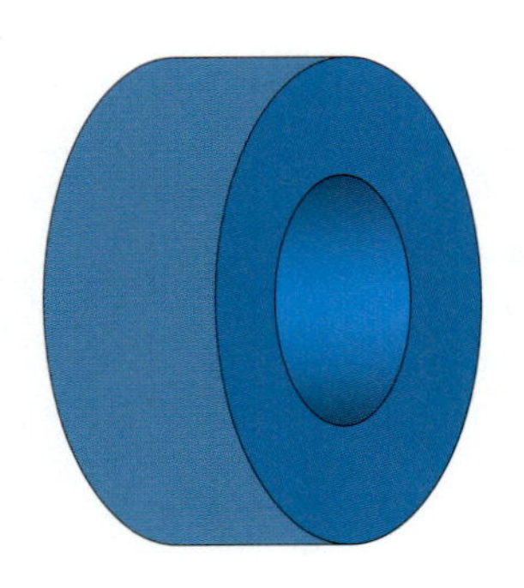

図3 円の直径の表示

ここで、円筒の幅が見える方向を正面図としたものを考えると、**図4**のような図面を描くことができますが、これで合っているでしょうか。

太い実線による外形線、細い一点鎖線による中心線、細い破線によるかくれ線が描かれているので、一見正しいように見えますが、よく考えてみると、この図形だけでは、中心に内径60mmの円があるという確証は得られません。もしかしたら、中心には一辺60mmの正方形があるのかもしれないのです。それどころか、外形自体が正方形である可能性もあります。このことを正確かつハッキリと描くためには、側面図としてもう1枚の図面を用意しなければなりません。

寸法補助記号は、こうした場合に2枚の図面を描かなくてもすますためにあります。たとえば、**図5**のように寸法の数値の前にφ（読み方：まる）を加えることで、60と120がそれぞれ円の直径だということを、正確かつハッキリと伝えられるのです。

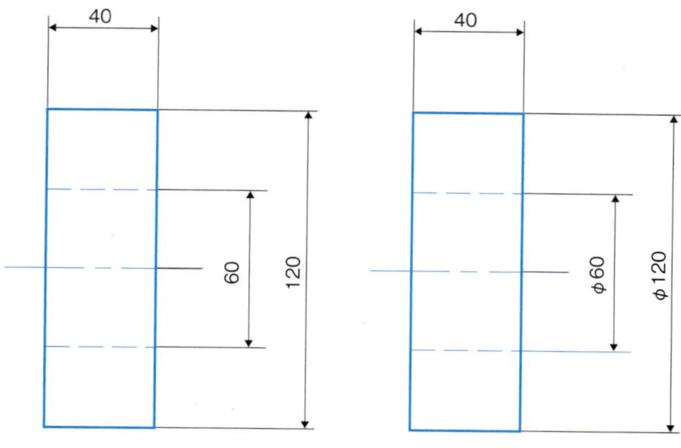

図4　悪い寸法記入

図5　よい寸法記入

(2) 正方形の一辺

円の直径をφで表したのに対して、正方形の一辺を表す場合には□(読み方:かく)を用います。

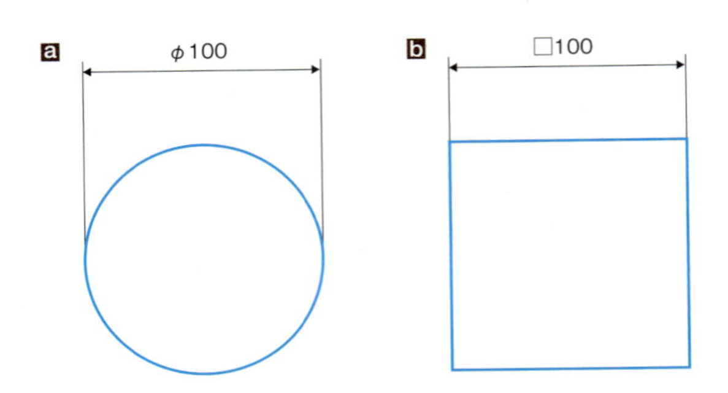

図6　円の直径と正方形の一辺

(3) 半径

図形の円弧の部分が180°以内の場合には、**図7a**のように、その半径の寸法をR(読み方:アール)の記号に続けて記入します。たとえばR50とは、半径が50mmであることを表します。念のため、どの部分が50mmなのかを**図7b**に示します。ちなみに、Rは半径を意味するRadiusの略です。

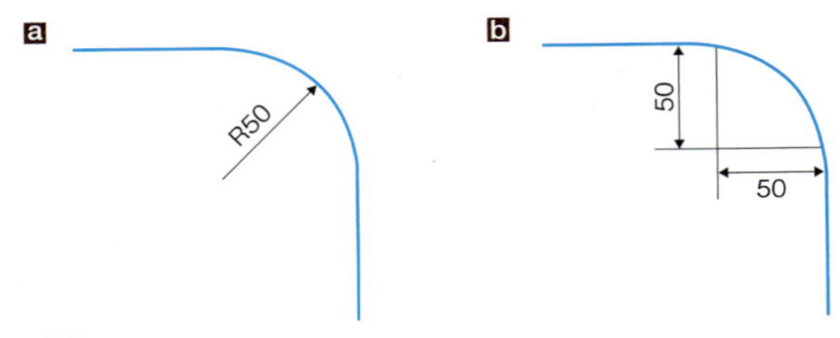

図7　半径

(4) 球の直径または半径

球の直径はSφ（読み方:エスまる）、球の半径はSR（読み方:エスアール）の記号に続けて数値を記入します。たとえば、**図8a**では球の直径が50mm、**b**では球の半径が200mmであることを表します。なお、Sは球を意味するSphereの略です。

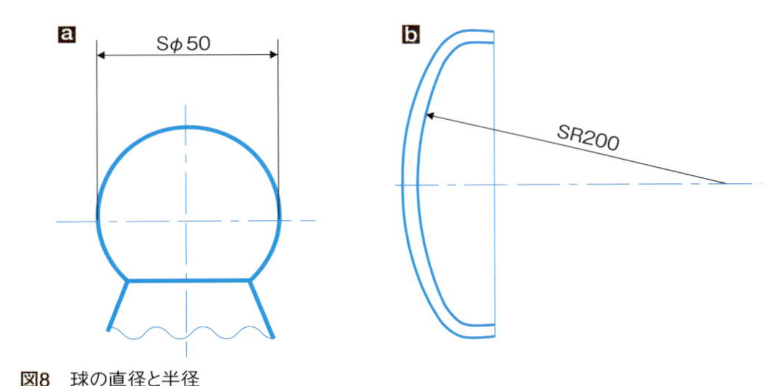

図8　球の直径と半径

(5) 円弧

円弧は弦の場合と同様の寸法補助線を引き、その円弧と同心の円弧を寸法線として引き、寸法数値の前に円弧の長さの記号（読み方:えんこ）をつけて表します。たとえば**図9**では、円弧の長さが35mmであることを表します。

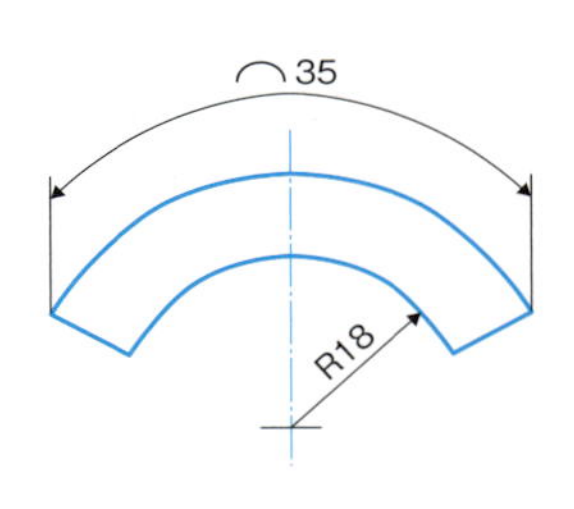

図9　円弧

(6) 面取り

図面上では、物体の端部で面と面とが直角に交わっていることにあまり違和感を覚えませんが、もしも金属でこれと同じものをつくったら、端部がとがりすぎて危なく感じたり、逆に材料が痛んで変形してしまうでしょう。そのため、物体の端部はある角度でかどを斜めに削り落とすのが一般的であり、これを**面取り**といいます。

面取りの角度は一般的に45°です。表記は、面取りの記号C(読み方:しー)の次に数値を記入して表します。たとえば**図10**では、C5で面取りの深さが5mmであることを示します。これは、辺に対して切り込んだ長さ(面取りの深さ)が5mmなのです。ここが5mmだとすると、**図10**の?は三角比より$5\sqrt{2}$＝約7.07mmになります。この部分を面取りの5mmだと勘違いすることがあるので、面取りの深さについて正しい位置を理解しておきましょう。なおCは、かどをそぐ、面取りするという意味を表すchamferの略です。

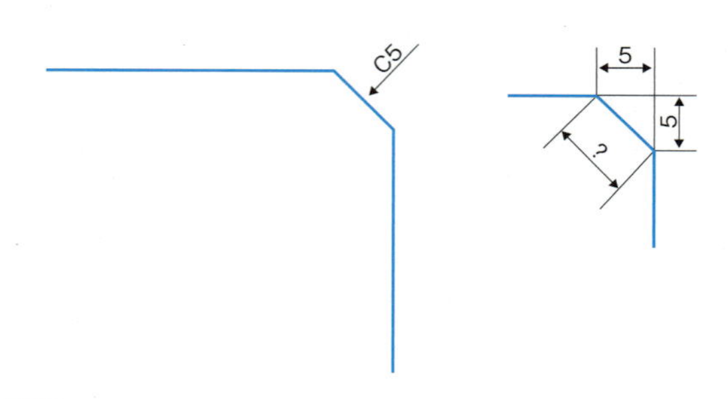

図10 面取り

(7) 板の厚さ

板金を平面的に加工する場合などは、わざわざ薄い厚みを図面に表そうとすると、よけい見づらくなることがあります。このような場合には、厚さの記号t(読み方:てぃー)を用います。記号tの次に数値を記入して表します。

たとえば、**図11**にt5と表記することで、この図形の厚さは5mmであることを表します。

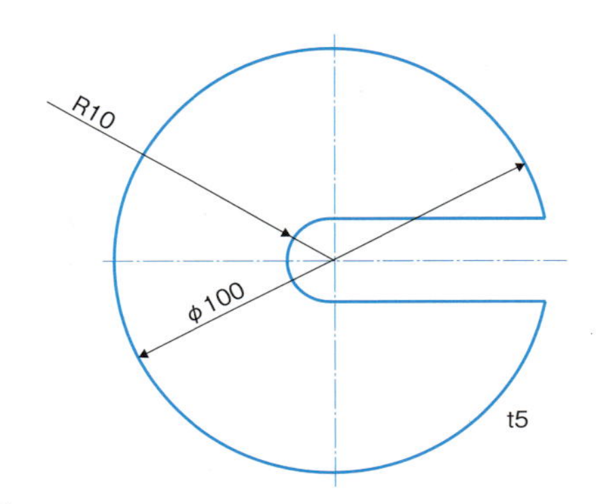

図11　板の厚さ

メカノ君：いろいろな記号があって、ややこしくなってきました。ついていけるか心配です。

エレキさん：でも、図面を正確かつハッキリと描くために考えられたものでしょうから、覚えるしかないわね。

テクノ先生：一見、難しく見える記号ですが、これらには先人たちの知恵が詰まっています。1つずつ確実に覚えてほしいと思います。

4 図面の大きさと尺度

機械製図の図面には、**A列サイズ**を用います。

表3 A列サイズの寸法

列番号	寸法(mm)
A0	841×1189
A1	594×841
A2	420×594
A3	297×420
A4	210×297

A列サイズの大きさを比較すると、**図12**に示すように、A0の半分がA1、A1の半分がA2、A2の半分がA3、A3の半分がA4です。

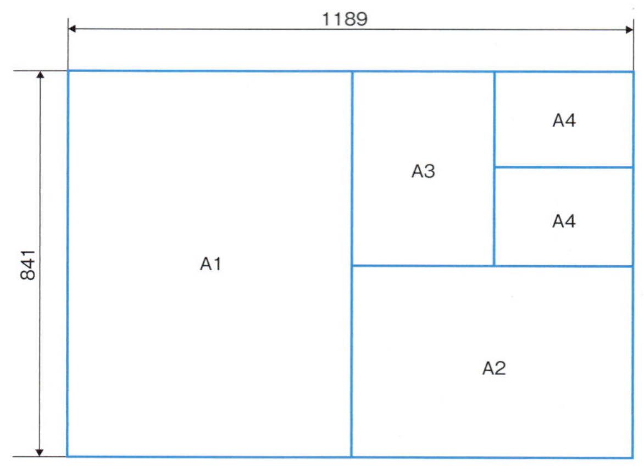

図12 A列サイズの大きさ比較

第三角法で図形を表す場合は、1枚の図面に3つの図形を配置する必要があるため、製図用紙の中にうまく配置します。図面は実際の寸法である**現尺**であることが望ましいのですが、図形が大きすぎる場合には**縮尺**、図形が小さい場合には**倍尺**が用いられます。JISでは推奨尺度が規定されています。なお尺度の表記は、10倍の倍尺の場合は「10:1」、10分の1の縮尺の場合は「1:10」と表記します。

表4 推奨尺度

倍尺	50:1　20:1　10:1　5:1　2:1
現尺	1:1
縮尺	1:2　1:5　1:10　1:20　1:50　1:100　1:200 1:500　1:1000　1:2000　1:5000　1:10000

機械製図の図面には、用紙の切り口から10～20mmくらい内側に、0.5mm以上の太さの実線で**輪郭線**を設けます。

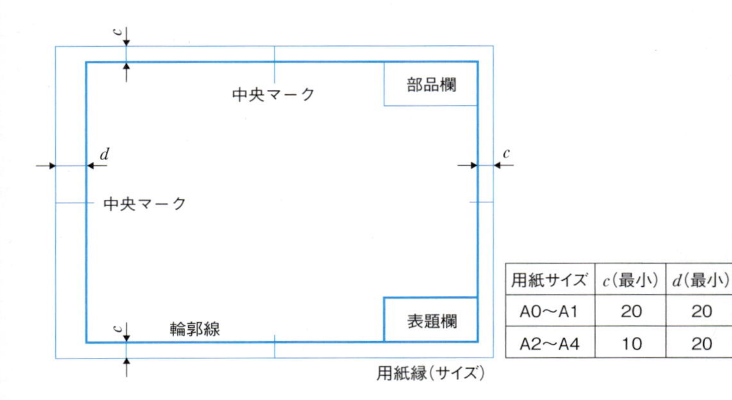

用紙サイズ	c(最小)	d(最小)
A0～A1	20	20
A2～A4	10	20

図13 図面の輪郭の寸法

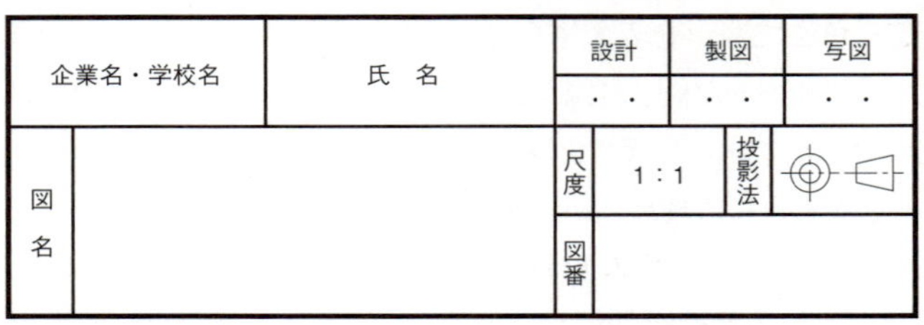

図14　表題欄の例

また、図面には**表題欄**や**部品欄**などを設けます。

表題欄は、図面の右下隅に輪郭線と同じ太さの線で囲みを取り、必要な情報を簡潔にまとめたものです。ここには、図面の管理番号や図名、尺度、投影法、組織・団体名、図面作成年月日、責任者名などを記載します。その厳密な形式は規定されていないため、企業や学校など組織ごとにフォーマットを設けていることがよくあります。なお、投影法の欄には、第三角法の場合は**図15**の記号が用いられます。

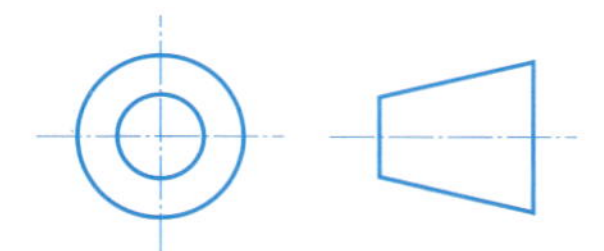

図15　第三角法の記号

メカノ君：どんなすばらしいアイデアが含まれた図形情報でも、やはりこのようなフォーマットの中で共有されることで、より正確かつハッキリと伝わるのでしょうね。

部品欄は、図面の右上隅または右下隅に設けられ、その図面に関する照合番号、品名、材料、個数、工程、質量、記事などを記入します。

照合番号は、複数の部品から構成される機械の組立図において、部品の相互関係がわかるように記された番号です。**材料**の欄には、JISで規定された材料記号（たとえば一般構造用圧延鋼材を示すSS400など）を記します。**工程**の欄には、部品を加工する工程が略符号で記されることが多いです。たとえば、機械加工ならば「キ」、鋳造ならば「イ」、仕上げならば「仕」、ねじや軸受などの標準部品ならば「ヒ」、鍛造ならば「タ」、板金加工ならば「バ」、溶接ならば「ヨ」などと記します。

照合番号	品名	材料	個数	工程	質量	記事
1	フレーム	SS400	1	キ, ヨ		
2	軸受本体	FC200	4	イ, ヒ		
3	入力軸	S35C	1	キ		
4	入力側歯車	S35C	1	キ		
5	出力軸	S35C	1	キ		
6	出力側歯車	S35C	1	キ		

図16　表題欄の例

エレキさん：機械製図というのは、単なる形状だけでなく、それをどのような材料でつくるか、どのように加工するのか、それとも標準品を入手するのかなど、機械設計や機械工作に関する知識なども必要になるんですね。

テクノ先生：そのとおり。機械製図は単に図形を描くことではなく、これまでに学んだ機械に関する事項を総合的にまとめ上げるという重要な役割があるのです。

寸法の記入法

機械製図での図面は、適切な個所に寸法数値を記入することで、初めて正確かつハッキリしたものになります。

機械製図の図面で使う長さの単位は**ミリメートル**[mm]で、単位記号は省略して、数値だけを表記します。寸法数値の小数点は小さな黒丸で表し、桁数が多い場合でもコンマはつけません。

例　100、150.25、0.08

角度寸法の数値は、一般に**度**の単位で記入し、必要な場合は**分**および**秒**を併用します。度、分、秒を表すには、数字の右肩にそれぞれ単位記号[°][′][″]を記入します。また、角度寸法の数値をラジアン単位で記入する場合は、その単位記号[rad]を添えます。

例　90°、12.5°、6° 30′ 5″、0.65 rad

寸法数値は、図面を見やすくするために、図中に直接記入するのではなく、**寸法線**や**寸法補助線**を用いて表記するのが一般的です。寸法線は、指示したい長さの方向と平行に、図形から適切に離して引きます。また寸法補助線は、寸法線と垂直になるように引きだし、寸法線からわずかに離れた位置(1～2mm程度)まで引きます。なお寸法線の矢印は、約3mmの端末記号を約30°傾けてつけます。

図17では、横の辺を100mm、縦の辺を80mmで表しています。

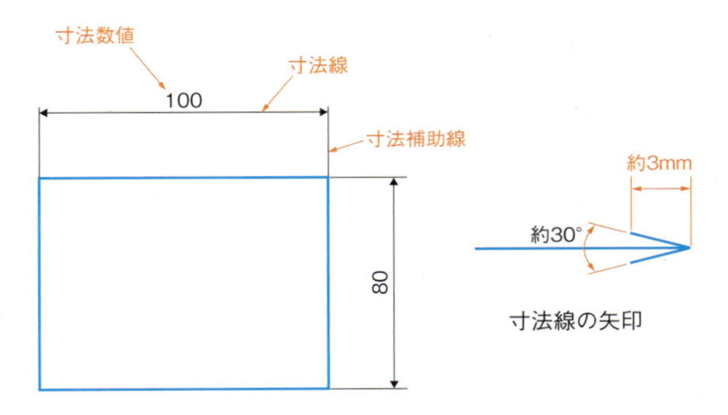

図17 寸法線と寸法補助線

寸法数値は寸法線の中央に配置し、端に寄せたり、寸法線を消してしまうような位置には配置しないようにします。また、縦の辺の80mmは、図面を右から見たときに同様に見えるように配置し、縦の辺を表す数値が複数ある場合にも、90°回転したときに残りの寸法数値がすべて読めるようにそろえる必要があります。

このほか、正確かつハッキリとした図面にするための寸法記入における留意点として、重複した寸法記入を避けることや、必要のない寸法を記入しないことなどが挙げられます。また、第三角法を用いて複数の図面を描いた場合は、寸法表記をできるだけ正面図に集中するとよいとされています。

以上は基本的なルールですが、実際にはさまざまな図形を描くことになるため、寸法記入で戸惑うこともでてきます。次に実例をいくつか挙げて、寸法記入の実際を見ていきます。

例1　**図18**を示すには、どの部分に寸法を記入すればよいでしょうか。ただし、1マスを5mmとします。

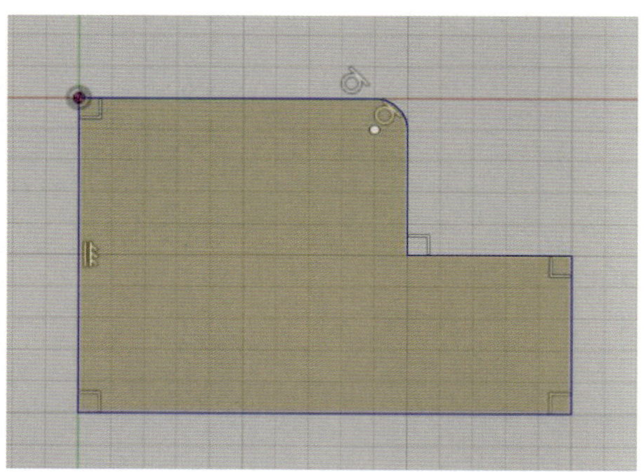

図18　例1の図形

考え方

まず最初に縦・横の辺の最大長さを表記することを考えます。ここでは縦の50、横の75を表記します。次に右上の欠けている部分を示すため、縦の25、横の25をそれぞれ表記します。縦の表記は右に90°回転させたときに読むことができる方向にそろえます。最後に右上の半径5を表記します。

上記以外に表記しなければならない場所はあるでしょうか？　もしかしたら、上辺の50や右の段差部分の縦の25などの表記も必要なのでは？と思うかもしれません。しかし、これらの部分はほかの部分の寸法を表記することで自動的に規定されるため、寸法を表記する必要はありません。

寸法記入例は**図19**です。

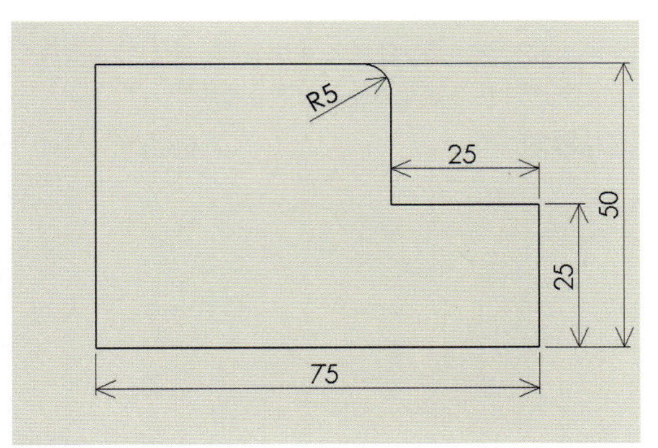

図19　例1の寸法記入例

例2　**図20**を示すには、どの部分に寸法を記入すればよいでしょうか。ただし、1マスを5mmとします。

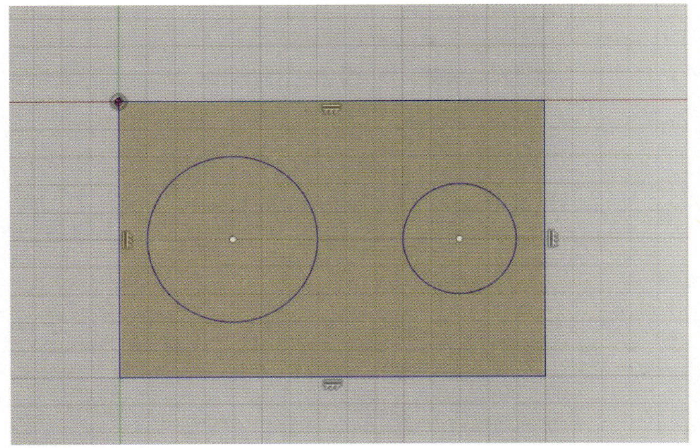

図20　例2の図形

考え方

例1と同様に、まず最初に縦・横の辺の最大長さを表記することを考えます。次に2つの円の直径の寸法表記、そして、それぞれの円の中心位置を寸法表記することを考えます。

寸法記入例は**図21**です。

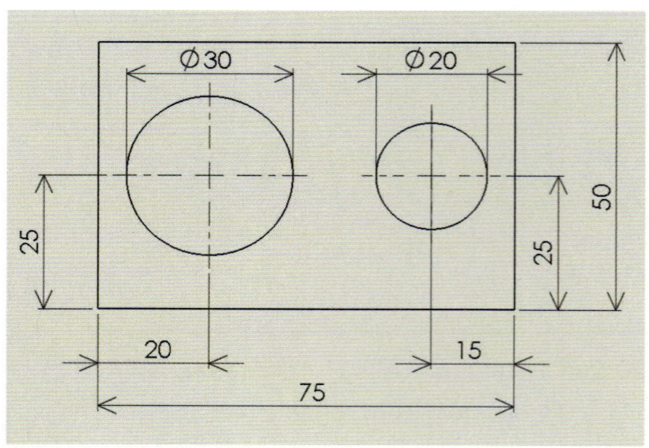

図21　例2の寸法記入例

斜め方向と角度の寸法線は、**図22**を参考にします。

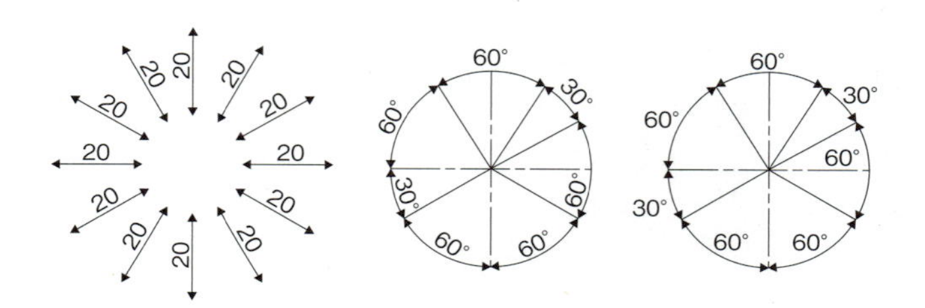

図22　斜め方向と角度の寸法線

例3　図23を示すには、どの部分に寸法を記入すればよいでしょうか。なお、この図面は2つの円筒形を合わせたもので、1マスは5mmとします。

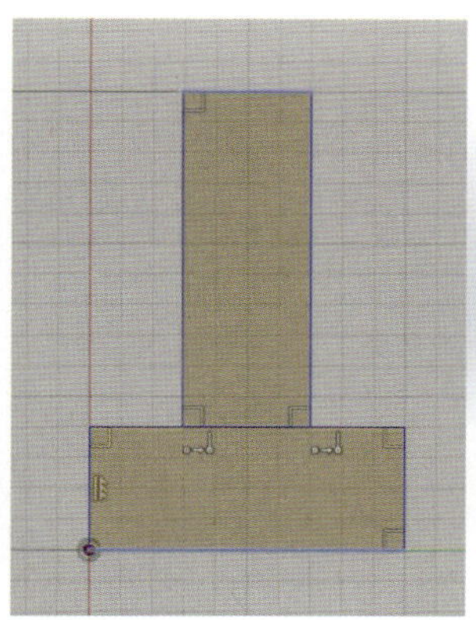

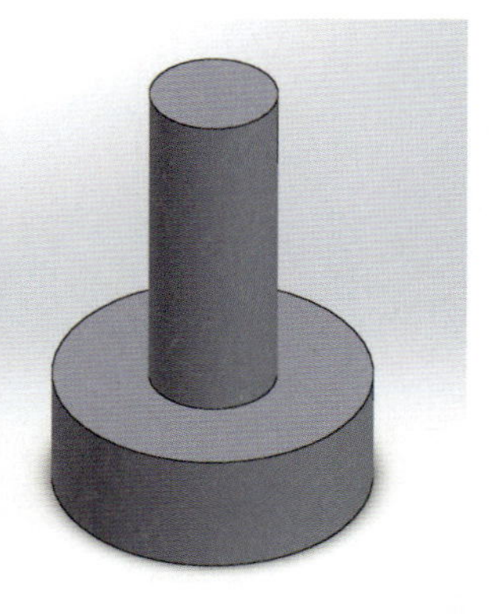

図23　例3の図形

考え方

これまでと同様に、まず最初に縦・横の辺の最大長さを表記することを考えます。そして、2つの円筒形という指示に従い、円筒の直径を表すためにφの記入を忘れないようにします。

メカノ君：確かに、**図23**だけでは、2つの円筒形という指示がないと、側面から見たときの形が決まりませんね。φがないと円であることがわかりにくいので、φを忘れないようにしよう。

テクノ先生：3Dの図で表してしまえばわかりやすいのですが、寸法を示す必要がある場合などでは、まだまだ2Dの図が用いられることが多いので、φの使い方などもきちんと覚えておきましょう。

寸法記入例は**図24**です。

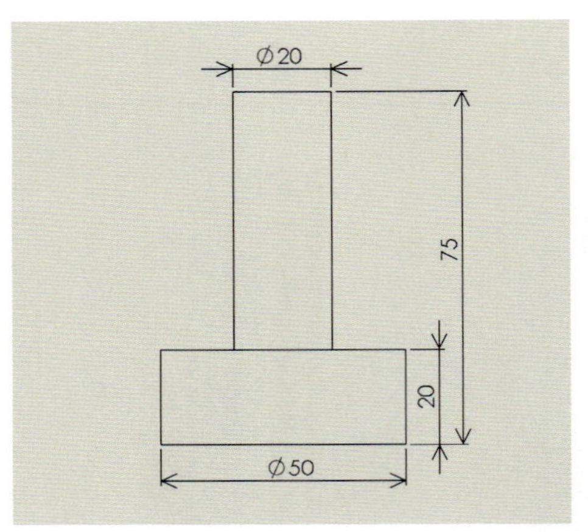

図24　例3の寸法記入例

例4　図25を示すには、どの部分に寸法を記入すればよいでしょうか。なお、この図面は4つの円筒形を合わせたもので、1マスは5mmとします。

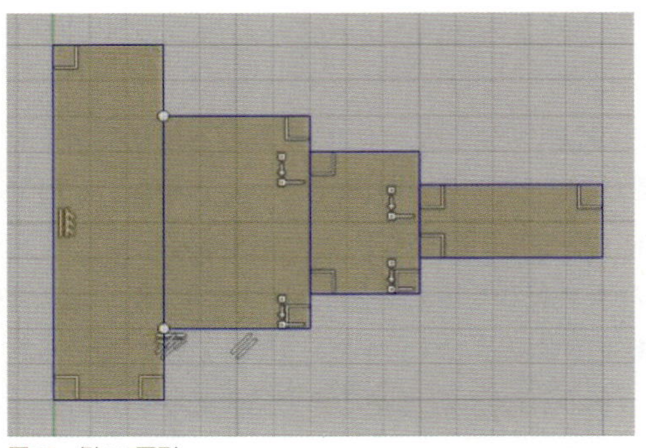

図25　例4の図形

考え方

これまでと同様に、まず最初に縦・横の辺の最大長さを表記することを考えます。例3と同様、円筒の直径を表すためにφの記入を忘れないようにします。ただし、例3よりも円筒の数が増えているため、寸法表記が必要な個所が増えています。そのあたりをどのように整理して、正確かつハッキリと描くことができるかがポイントです。

円筒部分の寸法表記の個所が増えた場合、**図26aとb**では、どちらがよいでしょうか？

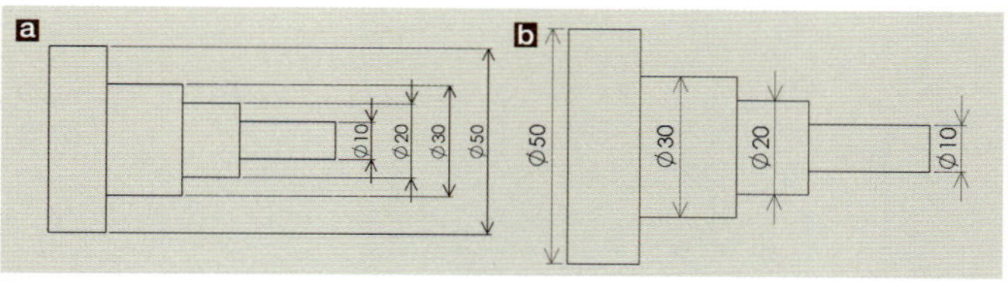

図26　例4の寸法記入例

エレキさん：どちらも寸法表記の意味は伝わるので、どちらも正しいと思いますが、正確かつハッキリと描くことを考えると、b図のほうが寸法補助線が少ないのでよいのでは。

テクノ先生：そのとおりです。寸法補助線が多くなると、ほかの線と紛らわしくなるので、なによりも見やすいことを優先するのが重要です。

メカノ君：それにまだこれだけでは、円筒の幅の寸法が記入されていないので、それも記入しないといけないですね。

テクノ先生：そうです。それでは、円筒の幅の寸法はどのように表記するといいでしょうか？

連続した部分の寸法記入には、いくつかの記入法があります。**図27a**に示す**並列寸法記入法**は、基準の場所から個々に寸法を記入する方法です。これに対して、**b**に示す**直列寸法記入法**は、軸の長さ寸法を連続して順番に記入する方法です。

どちらでも見やすい記入法を採用すればいいのですが、後述する**寸法公差**を考慮したときには、直列寸法記入法では個々の寸法公差が累積するため、注意が必要です。

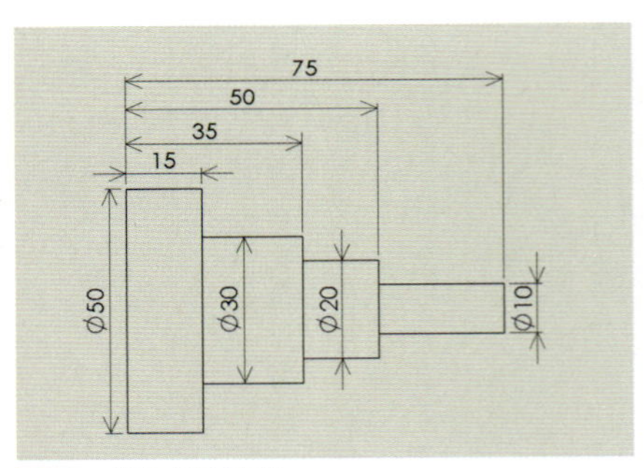

図27a　並列寸法記入法

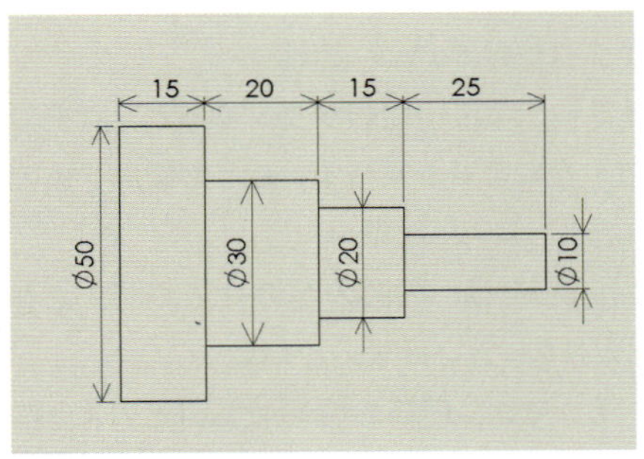

図27b　直列寸法記入法

第3章

3D CAD の演習

本章では、3D CAD を活用した基本演習をいくつか紹介します。いくつかの線で面をつくり、いくつかの面で立体をつくるという流れを実感しながら、頭の中で 3D 図面を作成するイメージができればいいと思います。

基本図形の描き方

第1章でも簡単に紹介したように、3Dの図面を作成するためには、線を組み合わせて面にし、そこから立体を導きました。この関係を**図1**で説明すると、0次元としての点を移動させて結ぶことで1次元の線分ができ、線分を同じ距離だけ移動させて結ぶことで2次元の正方形ができ、正方形を同じ距離だけ移動させて結ぶことで3次元の立方体(正六面体)ができます。

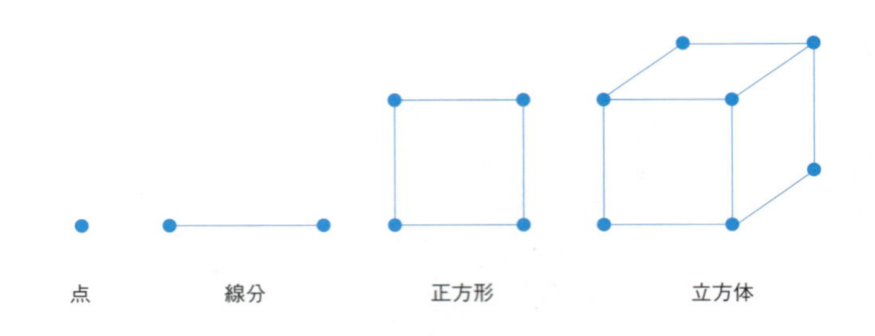

図1　点から立体へ

2次元から3次元へ移動させるときこそが、立体物の生まれる瞬間であり、3D CADの醍醐(だいごみ)味だと思います。ここでは、移動のことを「押し出し」と表現し、一時的にできた立方体から不要な部分を切り落としていく**押し出しカット**などのコマンドを用いて、3次元の形状を整えていきます。形状を整える方法には、不要な部分を切り落としていくのではなく、積み木のように、ある立体物の上に別の立体物を組み合わせながら整える方法もあります。

もちろん、2次元の段階で完成に近い図形を作成しておくと、その後の操作が楽になることもあります。

ここからは、実際に3D CADの演習を進める過程を紹介します。完成までの操作手順はこれが唯一の方法ではありませんが、できるだけシンプルな手順で作成する方法を紹介します。実際に1次元の線分が2次元の面になり、さらに3次元の立体になる様子を実感してほしいと思います。

演習1

図2に示す3次元モデルを作成しなさい。
なお、各部の寸法は**図3**を参照のこと。

図2　演習1の3次元モデル

メカノ君：まずは、どの面から2次元モデルを描き始めるかをよく考えてから、それを押し出したり、カットしたりしていくのでした。さてと、どこから始めようか……。

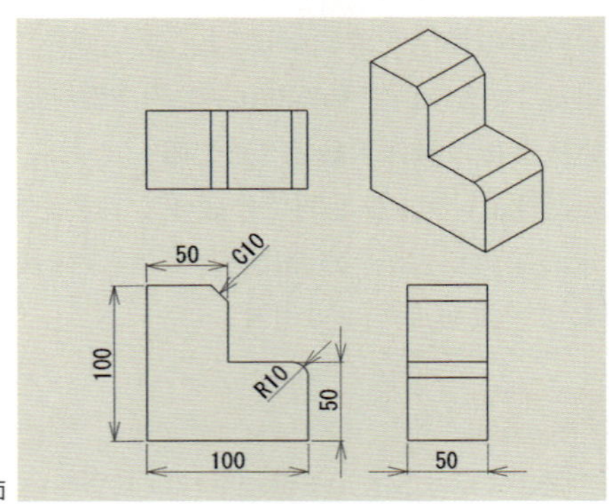

図3　演習1の図面

作図例 1

初めに2次元で**正面図**を描き、面の方向に押し出す方法です。

① 2次元の正面図は、直線を組み合わせて作成します。角を丸める**フィレット**や、角を直線で落とす**面取り**などのコマンドを用いると、図の作成が容易になります。
② **押し出し**のコマンドを用いて、2次元から3次元に変換します。ここでは50mmを押し出します。

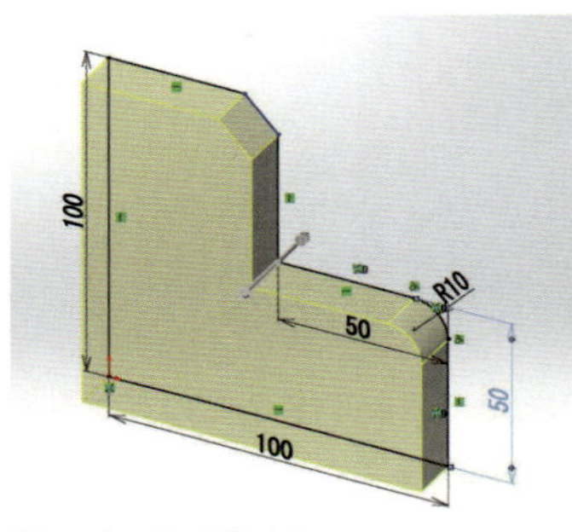

図4a　押し出し開始直後

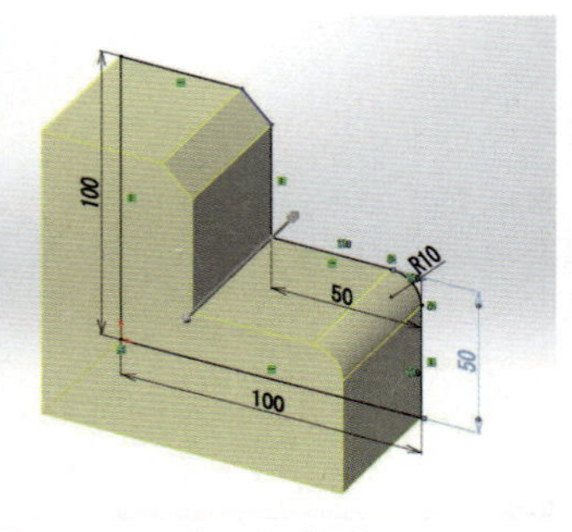

図4b　50mmの押し出し完了後

図5　完成モデル

作図例2

初めに2次元で**平面図**を描き、面の方向に押し出す方法です。

① 100 × 100mmの面を押し出して、2次元から3次元に変換します。

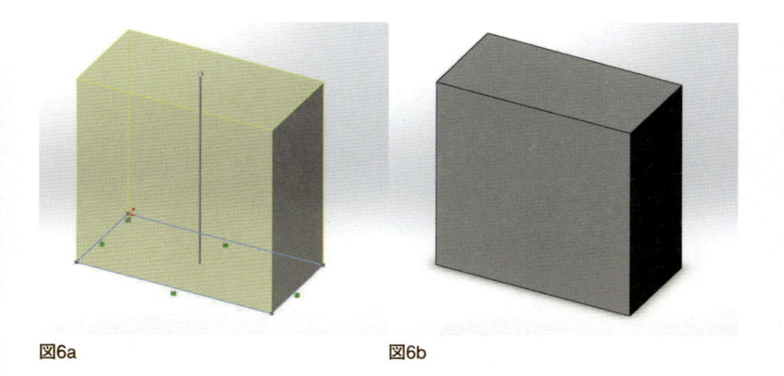

図6a　　図6b

② この平面の右上に50 × 50mmの面を描き、押し出しカットをします。

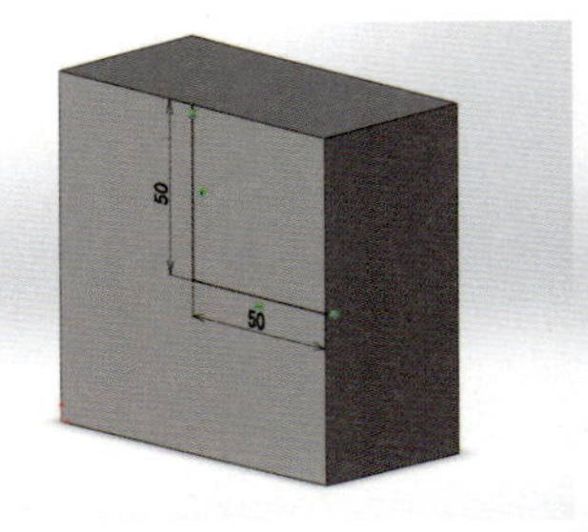

図6c

図6d

③ 10mmでフィレットを指定して、角に丸みをもたせます。

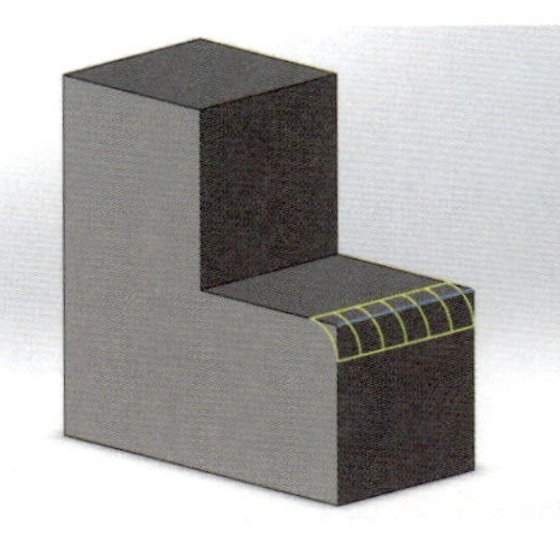

図6e

図6f

④ 10mmで面取りを指定して、角の面をとります。

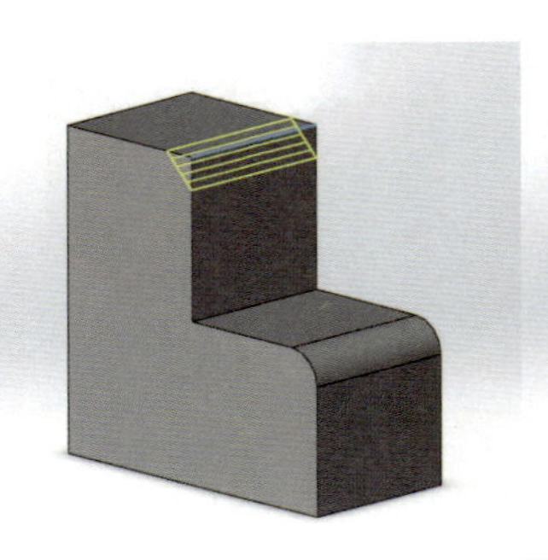

図6g

図6h　完成モデル

エレキさん：同じ完成モデルができるのに、作図例1と作図例2では、やり方がずいぶん違いますね。

テクノ先生：そうですね。慣れてくれば、作図しやすい方法が自然に浮かんでくるようになると思いますが、まずは正面図と平面図のどちらから始めるかを考えるといいでしょう。場合によっては、側面図から始めたほうが楽な形状もあります。

演習2

図7に示した3次元モデルを作成しなさい。
なお、各部の寸法は**図8**を参照のこと。

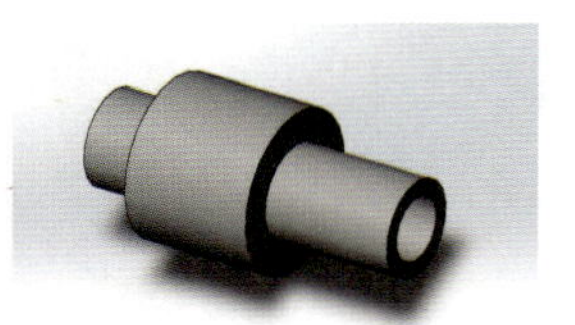

図7　演習2の3次元モデル

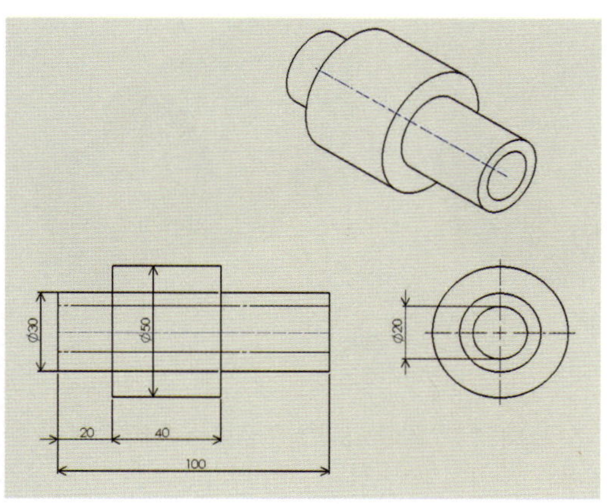

図8　演習2の図面

メカノ君：これは、側面図から始めるとよさそうな演習ですね。まず外側の円筒を描いて、内部をくり抜いて、それから……。

エレキさん：あの段のようになっている部分はどうすればいいのかしら。大きな円筒の両端に小さな円筒があるということは……。

作図例

側面図から円筒を描くことにして作図を開始します。

① 最大直径50mmで長さ100mmの円筒を描きます。

② 円筒の右側面に直径30mmの円を描き、円の外側を40mmカットします。

図9a

図9b

図9c

③ 同様にして、左側面に直径30mmの円を描き、円の外側を20mmカットします。

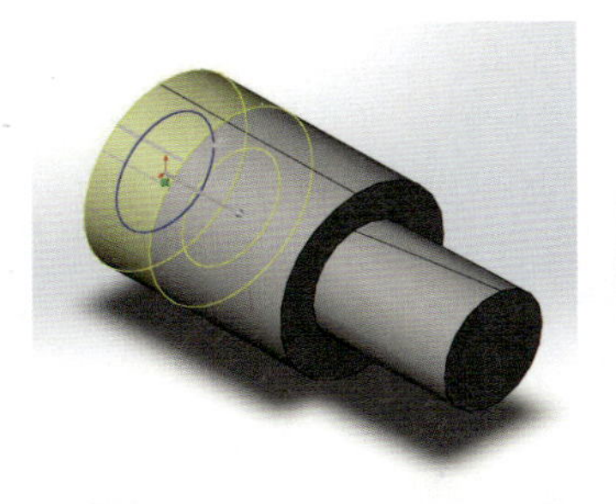
図9d

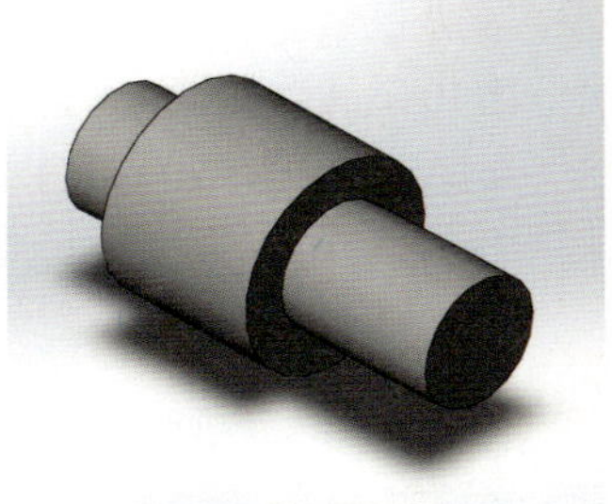
図9e

④ 最後に、中心に直径20mmの円を描き、これを貫通させて、中心を貫く穴を開けます。

図9f

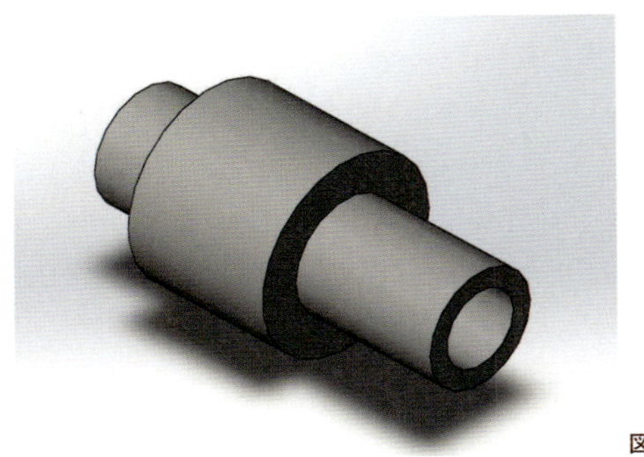
図9g　完成モデル

演習3

図10に示す3次元モデルを作成しなさい。
なお、各部の寸法は**図11**を参照のこと。

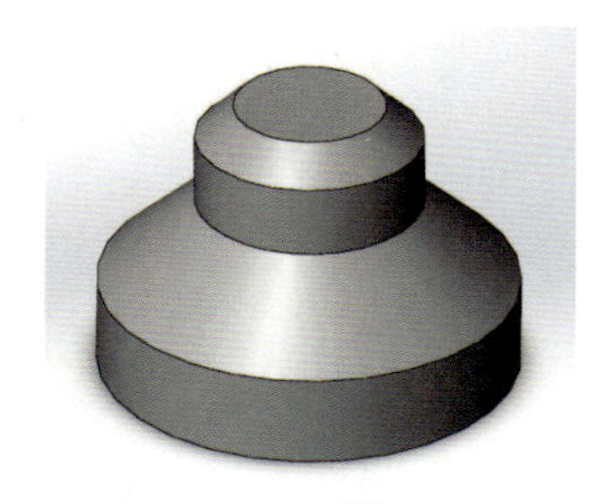

図10　演習3の3次元モデル

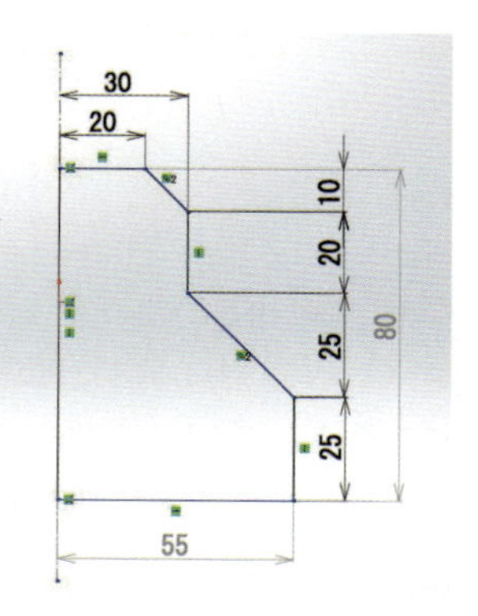

図11　演習3の図面

作図の考え方

これまでの演習で得られた知識を用いてこの3次元モデルを作図しようとすると、まず、平面図として土台の円を描き、それを押し出し、その上に次の図形を重ねながら作成するという方法が考えられると思います。もちろん、その方法でも作図できますが、ここでは**回転**というコマンドを用いた作図例を紹介します。

作図例

① 初めに、**図11**に示すような2次元の図面を描きます。この図面には、作図しようとするモデルの半分が描かれています。
② 次に、この2次元の図面を縦軸（Y軸）に対して回転させることを考え、縦軸を指定して「回転」のコマンドを与えます。

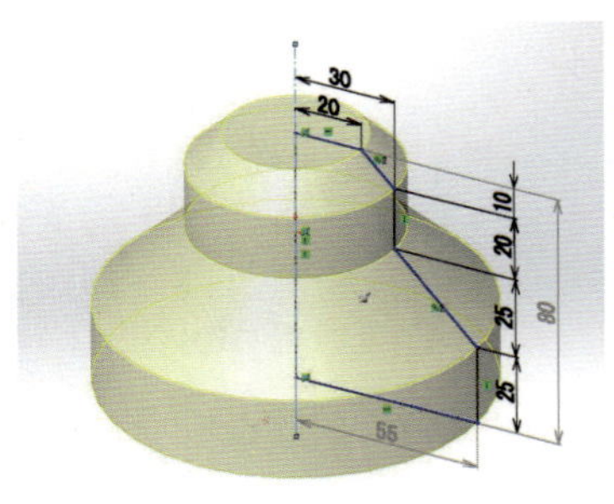

図12　縦軸を指定して回転のコマンドを実行

メカノ君：回転のコマンドをクリックした瞬間に、3次元の図形が現れるんですね！　これは便利な機能だな。

エレキさん：本当ね。ろくろで粘土をこねて器をつくる感じで作図できるということは、もっと曲面的な作図もできそうな感じがします。

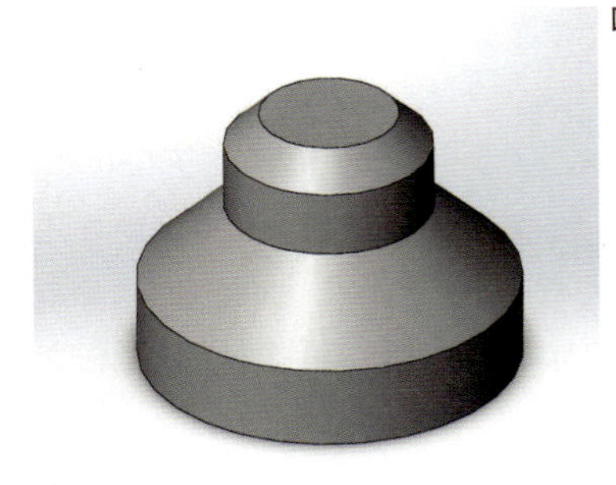
図13　完成モデル

テクノ先生：もちろん、曲面的な作図もできます。その前に、回転のコマンドをもう少し説明します。この作図では縦軸（Y軸）を中心に回転させて作図を行いましたが、たとえば横軸（X軸）を中心に回転させることもできます（**図14**）。このとき、どの軸を中心に回転させるのかという、軸の指定を忘れないようにします。縦軸を中心に回転させると決めて作図をした場合でも、試しにほかの軸で回転させてみると、思いがけない3次元図面が飛びだしてきて、驚くことになるかもしれません。

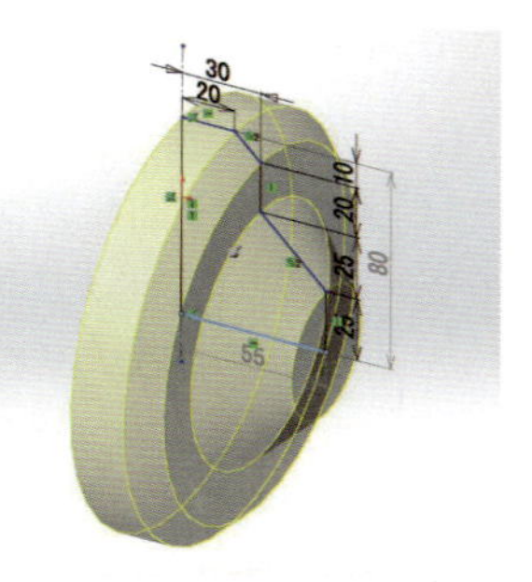

図14　横軸を中心にして回転のコマンドを実行

メカノ君：なるほど〜。なんだか数学で回転体の体積を求めるときに習ったような考え方だね。あっ、これって積分なのかなぁ。

テクノ先生：そう、積分でもでてきますね。3D CADが使いこなせるようになると、数学も得意になるかもしれないですよ。

次に曲面的な作図の話をしましょう。**図11**の図面を元にして、一部を曲線で結んでみましょう。この部分は細かな角度や寸法は気にせずに、自由に描いてください。そして、曲面でつなぐことができたら、先ほどと同様にして、縦軸（Y軸）まわりに回転させてみてください。

エレキさん：はい。寸法は適当で、ぐにゃぐにゃとつなげてみます。こんな感じでいいでしょうか。そうしたら、縦軸を指定して回転のコマンドをクリック！

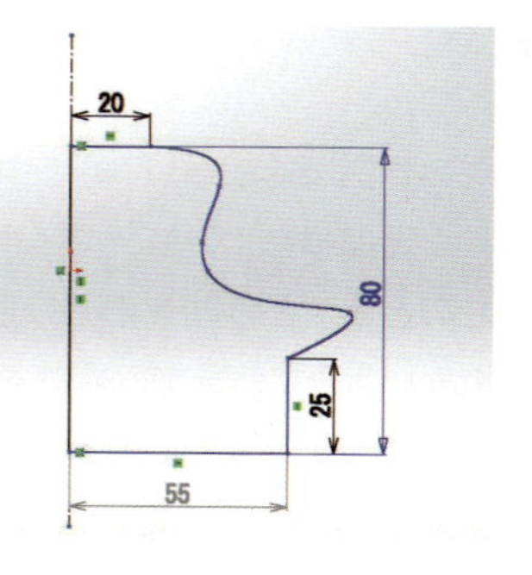

図15　曲面を加えた図面

メカノ君：わぁ〜、できたね。このような形は、回転のコマンドを使わないとできませんね。このあと、ほかの部品を加えたり、穴を開けたりすることもできるだろうから、とても便利なコマンドですね。

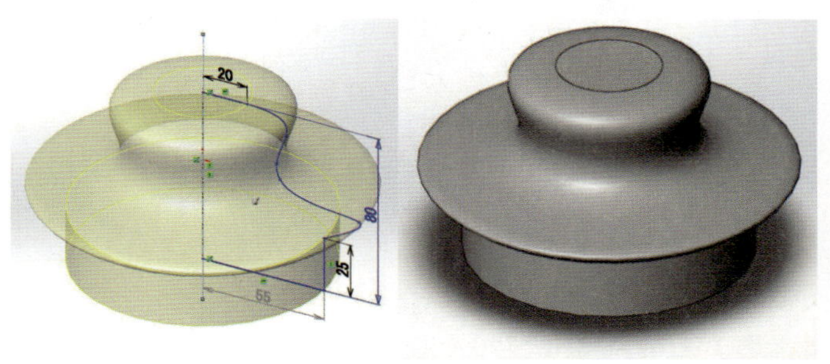

図16　縦軸を中心にして回転のコマンドを実行

エレキさん：テクノ先生、1つ質問があるのですが、作成したこの図形に色をつけることはできますか？

テクノ先生：もちろん、できます。外観を編集するコマンドからパレットをだしてくれば、自由に色を選ぶことができます。

エレキさん：ありがとうございます。それでは、やってみます。グリーン系の色にしたいので、カラーパレット（**図17**）のこのあたりを選んで……クリック！　うまくできました（**図18**）。やはり色がつくと、完成品のイメージがわきますね。

テクノ先生：そうですね。金属光沢をだすこともできるし、材質を指定すると、その密度から3Dモデルの質量を求めることもできるのですが、今回はここまでにしておきましょう。

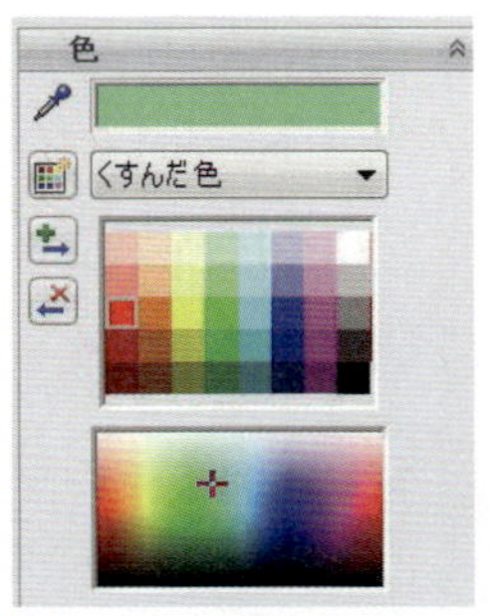

図17　カラーパレット

図18　着色した3Dモデル

演習4

図19に示した3次元モデルを作成しなさい。
なお、各部の寸法は**図20**を参照のこと。

図19　演習4の3次元モデル

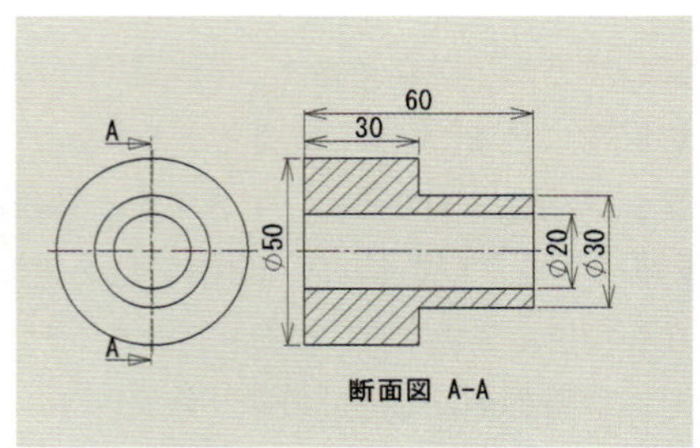

図20　演習4の図面

作図例

図20の斜線で表されている部分は、3次元モデルと照らし合わせてみるとわかるように、断面を示しています。すなわち、3次元モデルを断面A－Aで2つに切断したと仮定して、その切断面を表しているのです。

図面の作成には、円筒を重ねていく方法と回転のコマンドを用いる方法が思い浮かぶと思いますが、ここでは演習3で紹介した回転のコマンドを使って作図していきます。

① 図面を参考に、特に断面図の寸法をよく見ながら、回転させる片側の図面を作成します。回転軸として一点鎖線の中心を描いておきます。

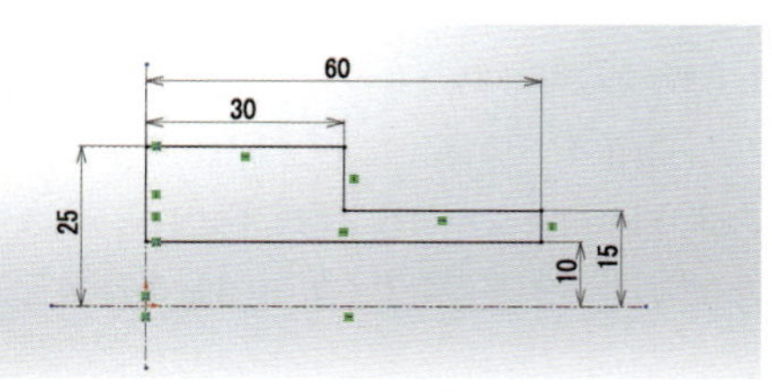

図21　回転前の図面

② 回転軸を指定してから回転のコマンドを与えます。

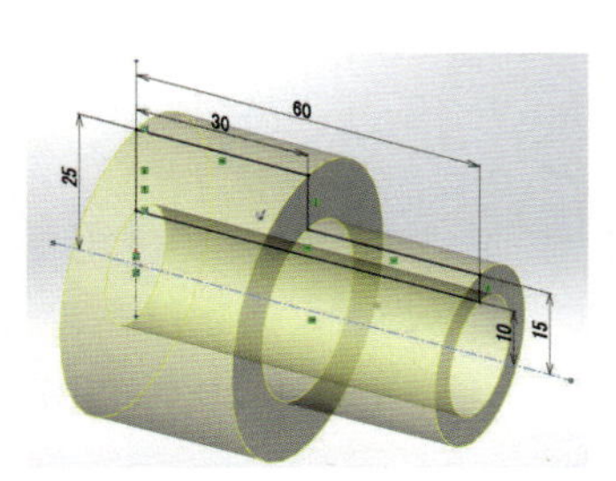

図22　回転のコマンドを実行

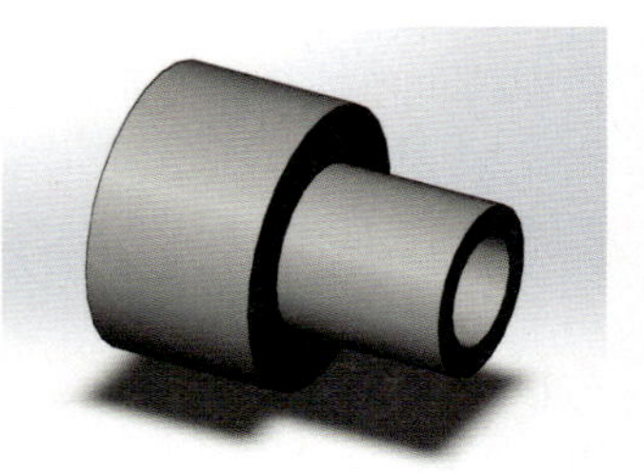

図23　完成モデル

メカノ君: これはそれほど難しい図面ではありませんが、断面図という考え方を知ることができたので、よかったです。ボクがつくるロボットの部品は、内部が凹凸になっているものが多いので、きちんと作図できるようになりたいです。

2 クリエイティブな図面の作成

3D CADの演習の実際を通して、その基本操作を学んできました。3D CADのコマンドはほかにもたくさんあります。3D CADを使いこなすには、それらのコマンドをひと通り覚えると、より簡単に作図できるようになります。コマンドは、絶対に覚えないと作図できない重要なものから、使わなくてもいいけれど、覚えておくと作図時間が大幅に短縮されるものまで、いろいろです。

ただし、細かいコマンドをすべて覚えたとしても、ここまでの演習で取り組んできたように、与えられた2次元図面から3次元図面を作成する作業だけでは、クリエイティブな図面を作成したとはいえません。

クリエイティブな図面を作成するには、自分が設計して思い浮かべた3次元立体を、3次元図面に表さなければなりません。また、ここまでは1枚の図面に1枚の図形を作成しましたが、実際の設計では、複数の部品を組み合わせて3次元モデルを作成することが多いものです。

本格的な機械設計をするには、第5章で紹介するようなねじや歯車、ばねなどの機械要素の知識も必要ですし、さまざまな動くしくみであるメカニズムについても、理解を深めておく必要があります。

ここでは、本格的な機械設計のための機械製図に取り組む前に、自由な発想でクリエイティブな図面を作成するトレーニングをしてみようと思います。なお、作成した図面から実際に3Dプリンタで出力することにもチャレンジします。

テクノ先生：3D CADの基本操作は覚えたと思うので、今日は「クリエイティブな図面の作成」というテーマで演習をします。ここまでの演習は、こちらが与えた2次元図面を3次元図面に変換するという作業でしたが、今日はみなさんの頭に思い浮かんだアイデアを、実際に3D CADを用いて3Dの立体物にしてみましょう。そして、コンピュータ画面上に表示できたら、最近、本校にも導入された3Dプリンタから出力してみたいと思っています。

メカノ君：自分たちで描いたものを、3Dプリンタから出力できるのですね。ワクワクします。3Dプリンタを見たことはありますが、これまでは3Dデータを作成できなかったので、使ったことはありませんでした。

エレキさん：私も同じです。先輩方が3Dプリンタを使っている姿を見てうらやましく思っていました。3D CADを覚えてきたので、3Dデータをつくれば、それを3Dプリンタから出力できるのですね。私もワクワクしてきました。

テクノ先生：それではテーマを発表します。実際の機械設計でも設計仕様という一定の条件が課せられますし、ロボットコンテストでも一定の競技ルールや大きさ制限などの仕様がありますね。なんでも自由にしてしまうと、余計やりにくくなることが多いので、エンジニアを目指しているみなさんの将来のことを考えても、なにかしらの条件を与えたほうが効果的なトレーニングになるでしょう。

　ということで、今回のテーマは「1月をイメージする3Dデザイン」にしたいと思います。みなさんは1月と聞いて、どんなものを思い浮かべるでしょうか？　現在は12月なので、ちょうど商店街などにも1月を連想させるものが並んできたころだろうと思います。まずは、それらのいくつかを思い浮かべて、その中から1つ選ん

で3Dデザインをしてみてください。

メカノ君：おもしろそうだな〜。1月といえば、鏡餅や餅つき、たこ揚げやお年玉、コマなどが思い浮かびます。最近、街中でよく見かけるようになった門松もありますね。門松はおもしろそうなので、ボクは門松に決めました〜。

そして、1週間後の授業でのことです。

メカノ君：いや〜、予想以上に難しいな、門松の3Dデザインは。なぜかというと、門松に決めたといっても、ボクの頭の中には漠然と竹が3本並んでいて、稲穂のようなものでつくられた土台に立っているというくらいのイメージしかありませんでした。でも、実際には、これをなにかしらの判断で3Dの形にしなければならないのです。

いざモデリングを開始しようとすると、3本の竹の高さはどれも同じなのか、3本とも違うのか、竹の先端の断面は円状なのか、それともある角度で尖（とが）っているのか、尖っているとすれば何度なのか、さらには3本の竹は土台の円に対してどのように配置されているのかなどなど、わからないことばかりで……。

そのあたりを頭に入れてからまた門松を観察した結果、3本の竹の長さや先端の形状はいろいろなものがあることがわかりました。また、土台の形状についても稲だったり松だったりといろいろで……。絶対的なものはないことがわかったので、これらを参考に、デザインは自分で考えることにしました。最終的には、わらを粗く編んだこもの部分を黄色い部品でつくり、3本の竹とそれを立てる部分は緑の部品でつくり、それらを組み合わせることに決めました。

それから週1回の授業を4回、その間、放課後に居残りで作業した日も数日。メカノ君の門松の3Dデザインがようやく完成しました。

1月の3Dデザイン・成果発表会

メカノ君：それでは、1月の3Dデザインについて、私から発表させていただきます。私が選んだテーマは「門松」です。この間、いろいろと実際の門松を調べたりして、自分なりにモデリングしてみました。

図24が、今回作成した門松の3Dデザインの全体図です。次に、各部品ごとにモデリングの手順を説明いたします。

図24　門松の3Dデザイン全体図

① 竹のデザイン

初めに、竹のデザインを検討しました。いくつかの門松を観察した結果、3本の竹は少しずつ長さが異なり、先端の角度は60度程度のものが多く見られました。

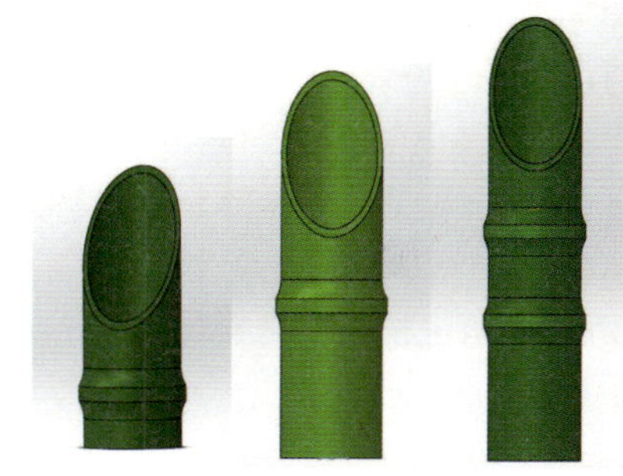

図25　3本の竹のモデリング

そのため、この観察をベースにデザインを開始しました。モデリングでは、竹にかならずある節を再現しました。また、先端部のデータは共通にして、長さを少しずつ変えることで、モデリングの時間を短縮しました。竹の色は実際に近い緑色にしました。

② 3本の竹の固定台のデザイン

次に、3本の竹の固定台をデザインしました。3本の竹の配置も実物を参考にしながら、最短の竹を手前に、残りの2本を後方に配置しました。

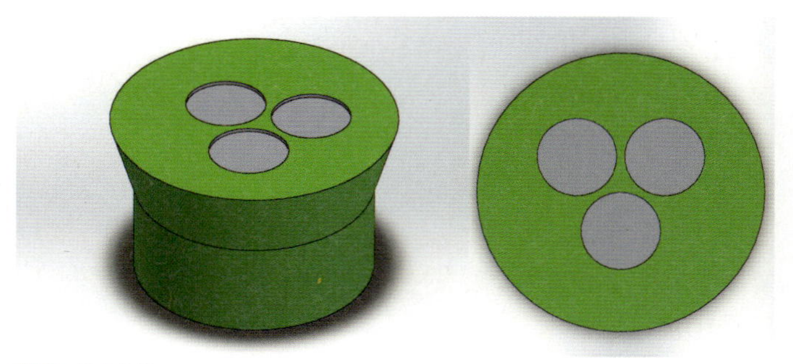

図26　竹の土台

③ 竹と土台のアセンブリ

部品と部品を組み合わせるアセンブリの合致というコマンドを用いて、3本の竹を土台に固定しました。

図27　竹と土台を合わせたモデル

④ こものデザイン

わらを粗く編んだこもの部分については、どのようにデザインするかいろいろ検討した結果、3Dプリンタから出力することを考慮して、シンプルでありながらいくらか凹凸をもつものにしようと考え、モデリングを進めました。ただの円筒形ではなく、円周部分に凹凸をつけるため、36個の半円を描きました。一周が360度であるため、1つの半円が10度になります。

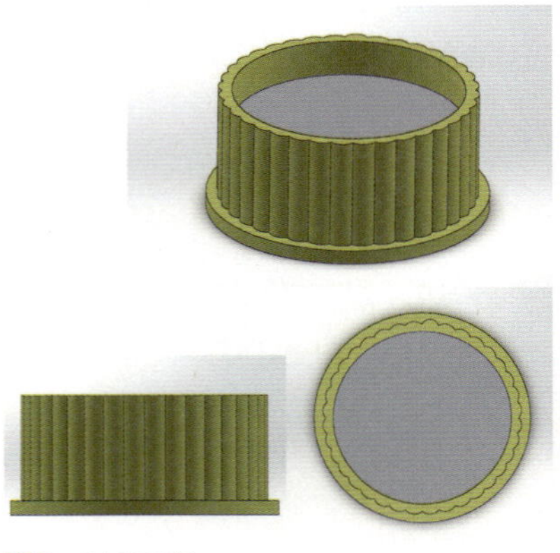

図28　こものモデル

⑤ モデルの合体

最後に、竹と土台を合わせたモデルとこものモデルを合体させます。これで完成です。ご清聴ありがとうございました。

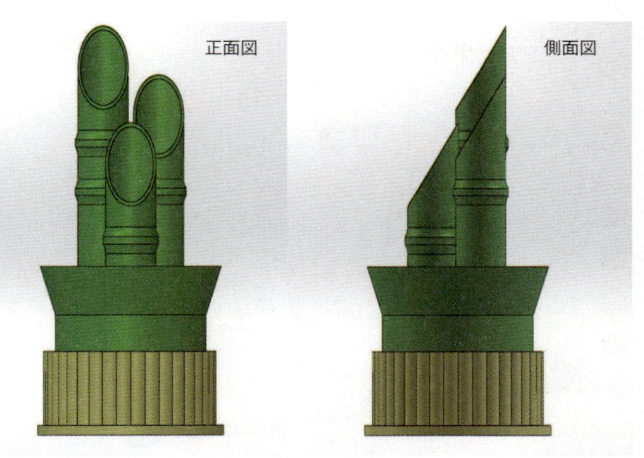

図29　完成したモデル

テクノ先生： なかなかよくできています。3Dプリンタから出力することを意識してデザインされているので、さっそく放課後に出力してみましょう。

⑥ 3Dプリンタからの出力

放課後、テクノ先生にほめられたメカノ君は気分上々で、実習室に出向いて、門松の出力にチャレンジしました。

テクノ先生： これが君の作成した3Dモデルです。3Dプリンタでは一般的に**STL形式**というファイル形式を用いるため、私がこれに変換して、3Dプリンタを動かすためのソフトウェアに読み込んであります。この画面ではモデルの色は白いけれど、実際には緑の樹脂をセットしてあるので、3Dプリンタからは緑色の作品が出力されます。あとはプリント開始のボタンをクリックするだけです。

メカノ君：ありがとうございます。それではプリント開始のボタンをクリックしますね。

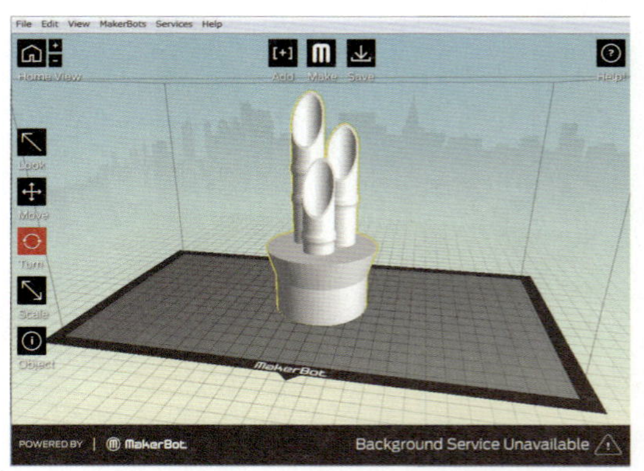

図30 門松上部の読み込み

ピュルルル〜、ゴトゴトゴト

いよいよ3Dプリンタが動きだしました。約200℃まで加熱されたノズルから、緑色の樹脂が溶けてでてきました。

メカノ君：始まりましたね。スゴイです。ボクが3D CADでデザインした部品が、いま、目の前で立体物として出力されているんですね。感動ものです！

今回使用した、樹脂を溶かしていく熱溶解積層法の3Dプリンタは、一瞬で出力が完了するというわけではなく、かなり時間がかかります。それでも、メカノ君は3Dプリンタの前にかじりついて、出力の様子をじっとながめています。

図31　出力中の門松

待つこと約2時間。ようやく、門松の上部が完成しました。

メカノ君：わ〜い、できた。門松だ〜。節の部分もきちんと出力されているし、予想以上にきれいだな。

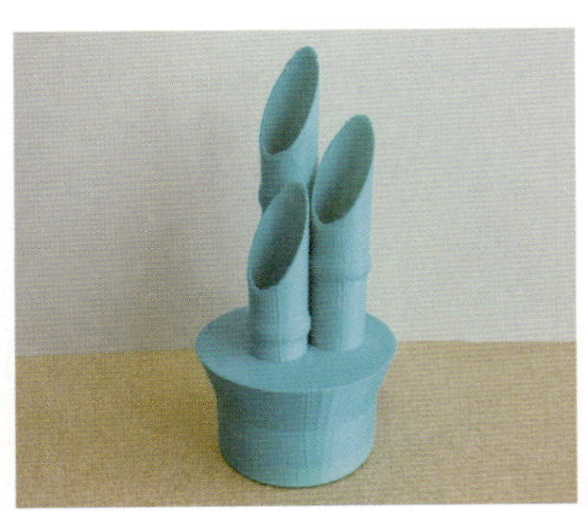

図32　完成した門松の上部

翌日も、引き続きこもがデザインされた門松の下部を出力し、2つの部品が完成しました。ちなみに下部の出力は約90分でした。

なお、3Dプリンタから出力される作品は、形状によっていくらかの膨張やゆがみなどが発生することがあります。今回、上部の部品は下部の受け側の円筒内にすっぽり収まる設計にしました。ここで、上部の円の直径と下部の円の直径は、樹脂の膨張によるずれなどにも配慮して、下部の円のほうを1mm大きく設計しています。

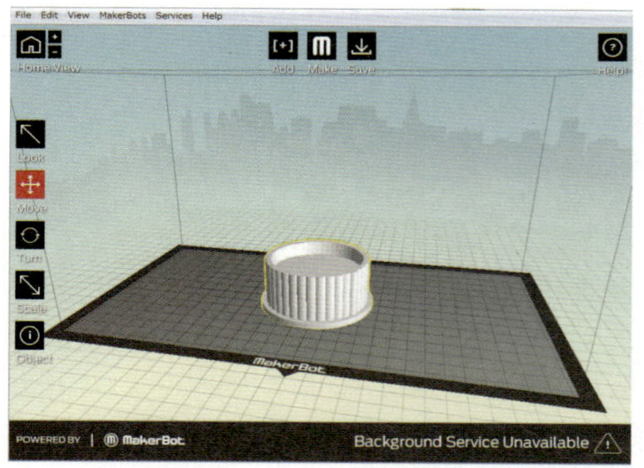

図33　門松下部の読み込み

図34　完成した門松の下部

メカノ君：よお～し。ようやく2つの部品が完成したぞ。さて、うまく合体するかどうか……。

　やったあ～。大成功！　あのちまちました1つひとつのモデリングの成果が、ようやくここに現れました。うれしいです。

テクノ先生：おめでとう。この間、集中してよくがんばりました。必修授業としてはこれで終わりですが、せっかく3D CADによるデザインを覚えたのだから、次は自発的に2月のデザインをしてはどうでしょう。これを1年続ければ、かなりの力がつくことは間違いないですね。

メカノ君：え～、毎月ですか！　でもおもしろいので、がんばってチャレンジしてみようと思います。今回は本当にいろいろとお世話になりました。ありがとうございます！

図35　完成した門松

　初めての3Dデザインで、いろいろ苦労していたメカノ君ですが、実際に3Dプリンタからの出力がうまくいったことで、上機嫌です。そして、先生にアドバイスされたとおり、2月のデザインの構想を練り始めました。

2月の3Dデザイン・成果発表会

メカノ君のがんばりを見ていたテクノ先生は、科学部の月例活動報告会の中で、彼のために3Dデザイン・成果発表会の報告会を開催することにしました。

図36　鬼に金ねじのイメージ図

メカノ君：2月の3Dデザインで選んだテーマは鬼です。この間、鬼についていろいろと調査して、「鬼に金ねじ」というテーマでモデリングをしてみました。

「鬼に金ねじ」というのは、もちろん「鬼に金棒」ということわざからきていますが、機械の授業で学んだ「ねじ」をもたせて、強い鬼を表そうとしました。前回の門松と同じく、赤鬼と青鬼についても、いろいろ調べてみました。特に鬼の角の数ですね。これも絶対というものはないようでしたが、最終的には、赤鬼は2本、青鬼は1本にしました。

図37が完成した3Dデザインです。門松よりも部品数が増えましたが、赤鬼と青鬼は頭部が異なるだけで、胴体や脚部は同じデータです。

図37　鬼に金ねじのデザイン

次に各部品ごとにモデリングの手順を説明します。

① 頭のデザイン

鬼の頭は丸みをもつような曲線で描き、回転のコマンドを用いて、3D形状にします。また、押し出しカットのコマンドで、角と首を差し込むための穴を開けます。

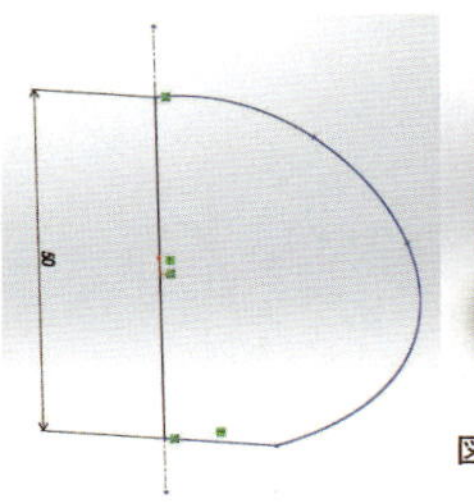

図38　赤鬼の頭部のデザイン

青鬼の場合、角が1本になります。

図39　青鬼の頭部のデザイン

② 角のデザイン

角のデザインも、縦軸を中心として描き、回転のコマンドを用いて、3D形状にします。

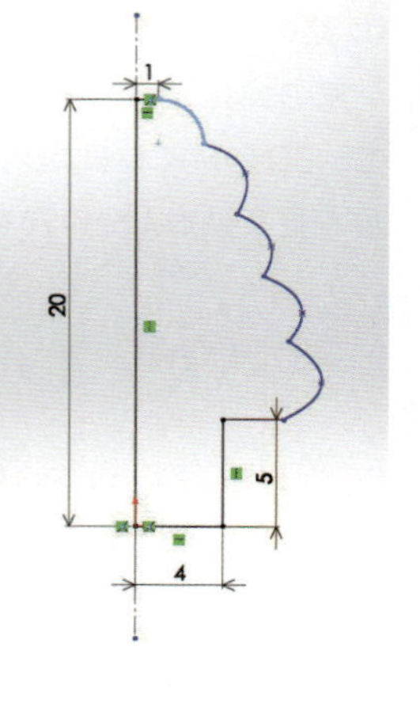

図40　角のデザイン

③ 胴体のデザイン

胴体のデザインも、縦軸を中心として描き、回転のコマンドを用いて、3D形状にします。その後、右腕と左腕を描きます。特に右腕については、金ねじをつかむことができるような形状を考えてデザインしました。

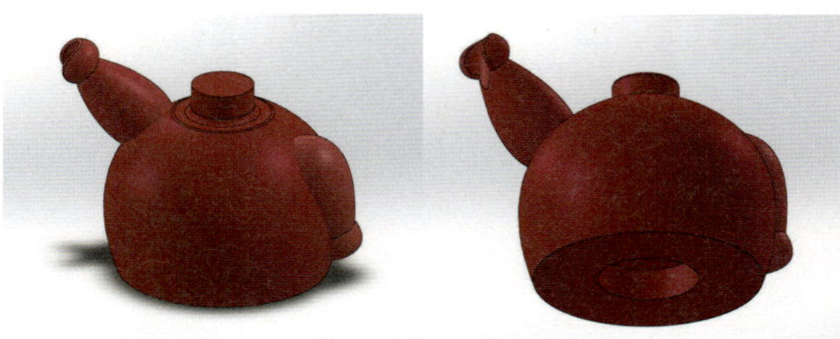

図41　胴体のデザイン

④ 腹巻のデザイン

腹巻はシンプルな形状ですが、ほかの部品と連結するための穴は、相手側よりも1mm大きめにとり、なめらかにはめ合うようにします。

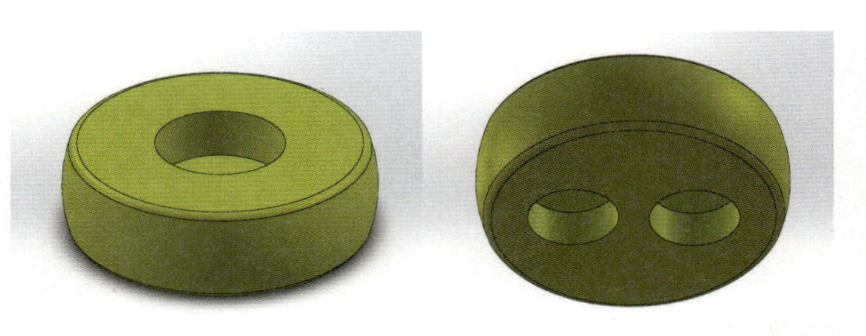

図42　腹巻のデザイン

⑤ 脚部のデザイン

脚部のデザインは、円筒に足部形状を組み合わせる形状にします。今回は右足と左足を区別せずに、同じ形状としました。

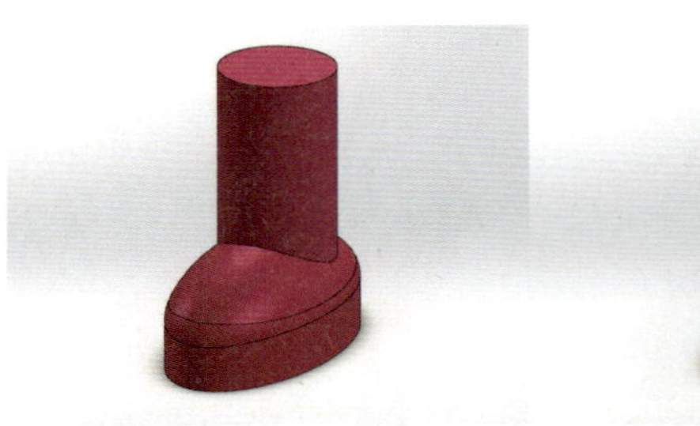

図43　脚部のデザイン

⑥ 接続パーツのデザイン

胴体と腹巻の部品を接続するために、接続パーツをデザインしました。これによって、胴体を回転させてさまざまなポーズをつくることができます。

図44　接続パーツのデザイン

⑦ 3Dプリンタからの出力

・頭の出力

頭の形状は土台との接触面積が少ないため、途中で滑ってしまうおそれがあったので、ラフトと呼ばれるコマンドを用いて、土台との接触面積を大きくしました。

なお、内部の充填率は15%のハニカム構造としました。赤鬼の頭が出力されていく様子を**図45**に示します。角をはめ込む2カ所の穴もきちんと出力できました。

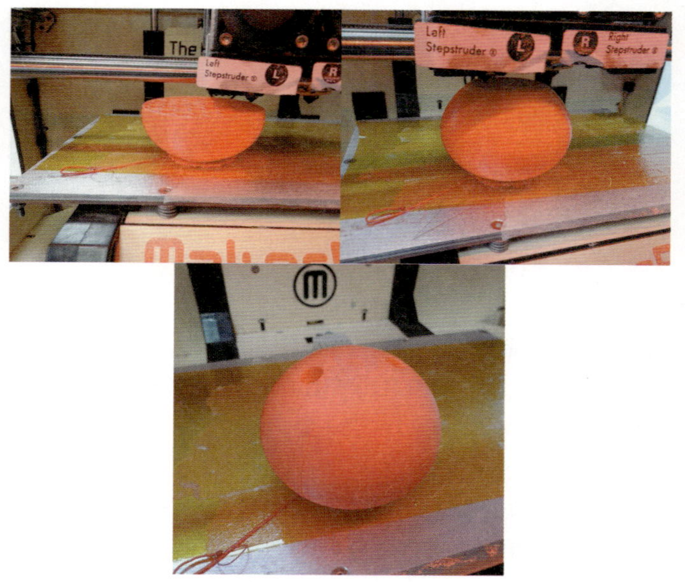

図45　赤鬼の頭の出力

青鬼の頭も、角をはめ込む穴を含めて、きれいに出力できました。

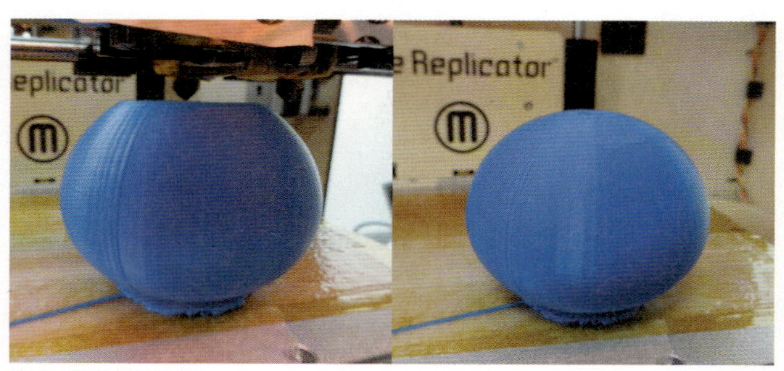

図46　青鬼の頭の出力

・角の出力

角も土台との接触面積を大きくするラフトのコマンドを用いて出力します。この部品は赤鬼の角を2個、青鬼の角を1個、合計で3個を出力しました。

図47　角の出力

・そのほかの部品の出力

胴体、腹巻、脚部などについても、同様にして出力することができました。図48に赤鬼の部品一覧、図49に試作した赤鬼を示します。ここで頭と胴体は白いフィラメントで粗く出力し、形状を確認しました。ねじについては、3Dプリントするのではなく、本物のねじを用いました。

図48　赤鬼の部品一覧

図49　赤鬼の試作

実は赤と青の材料を使い切ってしまい、まだ赤と青の胴体が完成していません。モデリングはできているので、ぜひ完成させたいと思っています。

図50　赤鬼と青鬼

メカノ君の取り組みに刺激を受けて、エレキさんも3Dデザインに取り組むようになりました。そして、3月には成果発表会に登場しました。どんなものをつくったのでしょうか。

3月の3Dデザイン・成果発表会

エレキさん：私が3月の3Dデザインで選んだテーマは菱餅です。初めは雛人形もつくりたいと思っていたのですが、今回は菱餅までしか完成しませんでした。みなさんは菱餅と聞いて、菱形が3つ重なったものだというイメージがあると思いますが、それぞれの色を知っていますか？　また菱形とはどんな図形のことを指すのでしょうか。

シンプルな菱餅でも、いざモデリングをしようとすると、きちんと調べておかなければならないことがたくさんあり、いろいろと勉強になりました。

図51　菱餅のイメージ図

次にモデリングの手順を説明します。

①菱形のデザイン

菱形とは、4本の辺の長さがすべて等しい四辺形のことであり、その成立条件として、(1) 隣り合う二辺の長さが等しい平行四辺形、(2) 対角線が直交する平行四辺形、ということが挙げられます。今回はいちばん上の桃色の菱形の一辺を50mm、2番目の白の菱餅の一辺を60mm、3番目の緑の菱餅の一辺を70mmというように、10mmずつ長さを変えました。そして、2辺がつくる鈍角の角度は135度としました。また、菱餅の厚みはすべて10mmです。

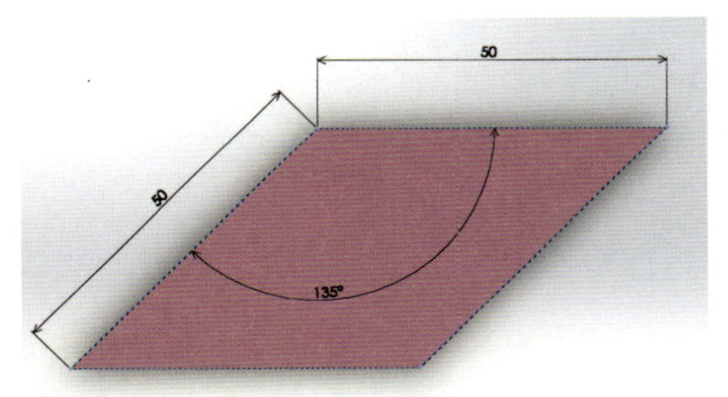

図52a　菱餅の寸法

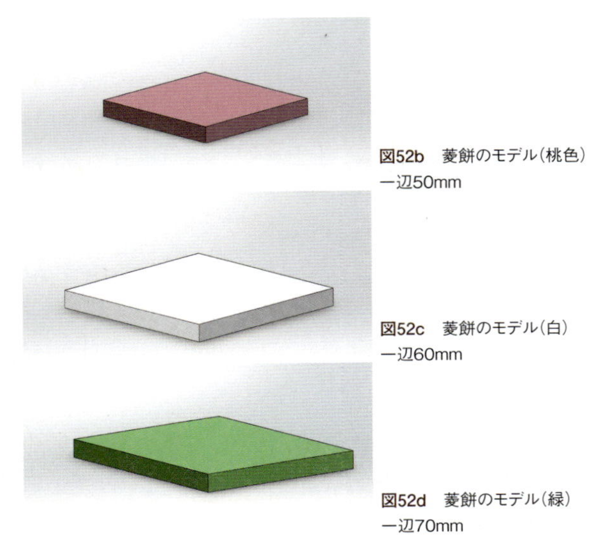

図52b　菱餅のモデル（桃色）
一辺50mm

図52c　菱餅のモデル（白）
一辺60mm

図52d　菱餅のモデル（緑）
一辺70mm

②菱形のアセンブリ

菱形を組み合わせ、上から見た平面図を示します。

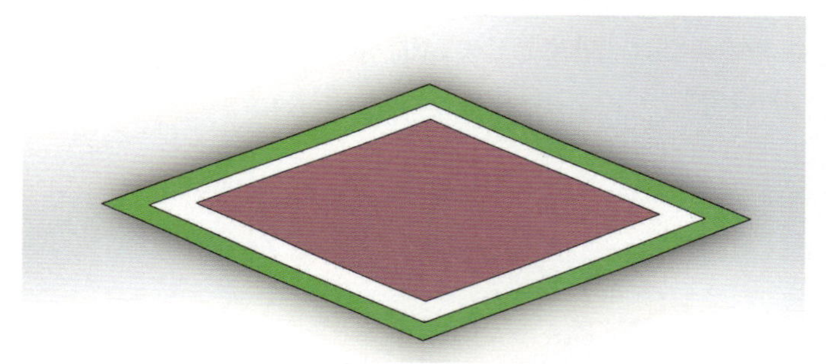

図53　菱形のアセンブリ（平面図）

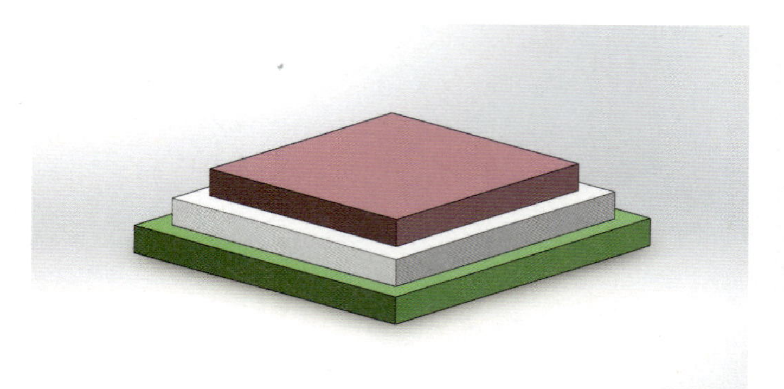

図54　菱餅のデザイン（完成形）

菱形を3個重ねるだけでも、色や形、各部の寸法など、すべて自分で考えなければならない場面に追い込まれ、いろいろ大変でしたが、よい勉強になりました。

③ 3Dプリンタからの出力

3Dデザインができたので、樹脂の色を変えて3つの3Dを出力すればよいと考えていたのですが、この間、3Dプリンタの動作を見学していて、意外と出力に時間がかかることがわかったので、時間短縮のために、緑と白の菱形については、中をくり抜いたデザインに改良しました。これにより、出力時間の短縮と樹脂の節約ができました。

3つの菱形を重ねるため、この部分がくり抜いてあっても、外観にはまったく影響がありません。こんなひと工夫が思い浮かぶのも、3Dデザインをコンピュータの画面内で終わらせるのではなく、実際に3Dプリンタからの出力まで行える環境があったからです。これも勉強になりました。

実は3Dプリントがうまくいかなかった場所があるのですが、わかりますか。緑の菱形の鋭角の両端が反ってしまったのです。これは、使用したABS樹脂が熱によって収縮する割合が大きいためだと思います。反らないようにするには、1層目の接触面積を大きくするためにラフトをつけることや、熱によって収縮する割合が小さいPLA樹脂を使用することなどが考えられます。

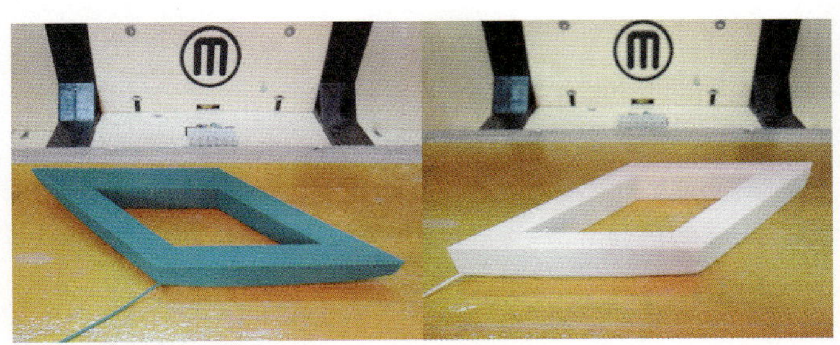

図55　菱形の出力　a　菱餅(緑)　　b　菱餅(白)

図56　完成した菱餅

秋の3Dデザイン

どんぐりのモデリング例です。上部と下部をそれぞれ回転のコマンドを用いて作成してから、合わせます。

図57　どんぐりのデザイン

冬の3Dデザイン

雪だるまのモデリング例です。2つの球の断面を回転させて作成してから、目と口を押し出しました。頭部にはクリスマスオーナメントとして飾りつけができるように、穴を開けています。

白い樹脂で出力したあと、ペンで簡単に色を塗りました。

図58　雪だるま

メカノ君：毎月1点の季節もののデザインを1年間続けてきたことで、3D CADのいろいろなコマンドが覚えられてよかったです。なにより毎月、その月をイメージできるものをデザインするのがおもしろかったです。出力が終わるころになると、次の月はどんなものをデザインしようかと、いろいろ考えたものでした。

エレキさん：1年も続けることができて、スゴイです。私は結局、3月の菱餅だけで、あとはどれもうまくいかず、途中であきらめてしまいました。メカノ君が、毎月デザインした作品を3Dプリンタから出力するのを見ていて、うらやましかったです。私もあきらめずに、引き続きがんばりたいと思います。

テクノ先生：メカノ君は本当によくがんばりましたね。エレキさんも3D CADに慣れ親しんでくださいね。初めにもいったとおり、3D CADはひと通りコマンドの基本操作を覚えたら、あとは実地でいろいろなものをデザインするのが、上達のいちばんの近道です。初めのうちはまねでもいいですが、慣れてきたらぜひオリジナルの作品をデザインしてほしいと思います。

今回は、部品を組み合わせた作品はあっても、実際のキカイのような動きを実現するものはありませんでした。今後、本格的な機械設計に入っていくと、どんなキカイにも共通して用いられる、ねじや歯車、ばねや軸受などの機械要素の製図も覚えていきます。今回覚えたような基本的なデザインに機械要素を組み合わせると、本格的な機械設計に近づくので、また一歩ずつ進んでいきましょう。

第４章
機械製図の基礎

基本的な図形を作成できるようになったので、本章では、複数の部品を組み合わせて機械をつくるときに必要となる寸法や、はめ合いに関する事項、表面形状に関する事項など、機械製図の基礎を学びます。

寸法公差とはなにか

機械部品の図面で各部分の寸法が決まると、この図面にもとづいて、切削加工や塑性(そせい)加工などの機械工作によって、各種の機械部品が製作されます。精密な機械工作では、ミリメートルどころか、$\frac{1}{100}$ mmや$\frac{1}{1000}$ mm単位での加工が行われます。

なお、$\frac{1}{1000}$ mmは1mの100万分の1(10^{-6})であり、これをマイクロメートル(μm)、もしくはミクロンといいます。ただし、マイクロメートルは**国際単位系**(SI)に含まれますが、ミクロンの呼称は含まれません。

たとえば、ある機械部品の寸法が10と表記されていたとします。この表記はすなわち、この部品の長さを10mmにするという意味です。そして、10mmを目指して加工したとして、加工後にこの部分の寸法をノギスで測定します。ノギスは$\frac{1}{20}$ mm(0.05mm)まで測定できるので、10.00mmの精度で加工の結果を検討できます。このとき、もし10.05mmや9.95mmという値だったら、加工は失敗したことになるのでしょうか?

図1　寸法とはなにか

また、ノギスで10.00mmが確認できた場合でも、$\frac{1}{100}$mmまで測定できるマイクロメータでの測定で10.01mmや9.98mmだったときは、どうすればいいでしょうか。

細かいことを書きましたが、機械加工ではこのくらいのレベルで寸法を考えることは普通です。そして、実際の寸法には許容差があるということが重要です。たとえば、10mmの指示に対して、10.05mmで困る場合と困らない場合があるはずです。困らない場合なのに、誤差にこだわって追加工などをしていると、時間と費用が増してしまいます。

すなわち、ものづくりの場面で必要な数値は、あるものの真の値をできるだけ精密に測定することよりも、加工の基準となる基準寸法に対して、どのくらいまでの誤差なら許されるのかを示すことのほうが有効であるといえます。そこで考えだされたのが、**寸法公差方式**という考え方です。

許容される誤差の最大値を**最大許容寸法**、許容される誤差の最小値を**最小許容寸法**といい、両者の差を**寸法公差**といいます。

寸法公差＝最大許容寸法 − 最小許容寸法

たとえば長さ50mmに対して、±0.1mmの寸法交差を指示した場合は、最小で49.9mm、最大で50.1mmの範囲で加工をしたものが合格になります。このとき、最小許容寸法から基準寸法を引いたものを**下の寸法許容差**、最大許容寸法から基準寸法を引いたものを**上の寸法許容差**といいます。

下の寸法許容差と上の寸法許容差は、かならずしも同じである必要はなく、異なる場合もあります。この場合は、上付きの小文字と下付きの小文字で記入します。なお、どちらか一方が0の場

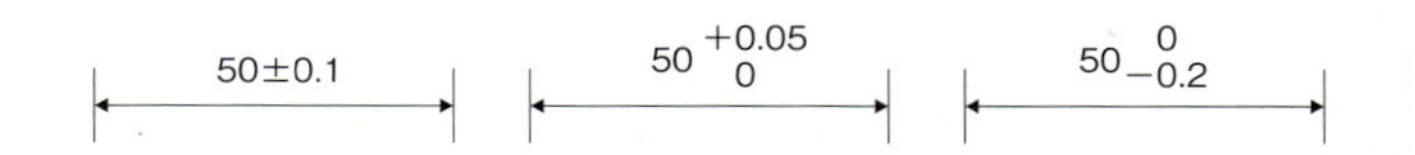

図2　寸法許容差の記入例

合は、小数点以下の桁数をそろえず「0」と記入します。

ただし実際の図面には、こうした寸法許容差が記入されていないものも多く存在します。そのようなときは、基準として**普通許容差**が適用されています。つまり、単に50と寸法表記されていた場合、ここには普通許容差が隠れているのです。それでは、普通許容差とは具体的にどのような寸法なのでしょうか。

普通許容差の値は、機械工作の方法によって変化しますが、**表1**に、切削加工における普通許容差を示します。切削加工の普通許容差には、**精級f**、**中級m**、**粗級c**、**極粗級v**の4段階の**公差等級**があり、長さ寸法、面取り部分の長さ寸法、角度寸法の許容差が規定されています。ここで、どの公差等級を用いるかについては、つくる製品によって異なります。

たとえば、**表1a**において、基準寸法が50の場合の許容差は、

表1a　切削加工における普通許容差

面取り部分を除く長さ寸法に対する許容差　　単位：mm

公差等級		基準寸法の区分							
記号	説明	0.5以上3以下	3を超え6以下	6を超え30以下	30を超え120以下	120を超え400以下	400を超え1000以下	1000を超え2000以下	2000を超え4000以下
		許容差							
f	精級	±0.05	±0.05	±0.1	±0.15	±0.2	±0.3	±0.5	−
m	中級	±0.1	±0.1	±0.2	±0.3	±0.5	±0.8	±1.2	±2
c	粗級	±0.2	±0.3	±0.5	±0.8	±1.2	±2	±3	±4
v	極粗級	−	±0.5	±1	±1.5	±2.5	±4	±6	±8

表1b　面取り部分の長さ寸法　　単位：mm

公差等級		基準寸法の区分		
記号	説明	0.5以上3以下	3を超え6以下	6を超えるもの
		許容差		
f	精級	±0.2	±0.5	±1
m	中級			
c	粗級	±0.4	±1	±2
v	極粗級			

表1c　角度寸法の許容差　　単位：mm

公差等級		対象とする角度の短いほうの辺の長さと区分				
記号	説明	10以下	10を超え50以下	50を超え120以下	120を超え400以下	400を超えるもの
		許容差				
f	精級	±1°	±30'	±20'	±10'	±5'
m	中級					
c	粗級	±1° 30'	±1°	±30'	±15'	±10'
v	極粗級	±3°	±2°	±1°	±30'	±20'

公差等級が中級の場合、基準寸法の区分を、「30を超え120以下」と中級の欄から「± 0.3」と読み取ります。ここでの単位はmmです。この普通許容差を適用したいときには、図面内に「個々に指示のない公差は、切削加工の場合JIS B 0405」などと記載します。

メカノ君：なんだか細かい数値がでてきて、ややこしくなってきました。でも、ボクが旋盤加工で取り組んだ課題でも、0.1mmにこだわって加工をしました。ですから、このようなルールがないと、部品と部品を組み合わせるときに困ると思うので、しっかり覚えておきます！

テクノ先生：ある機械の軸受に軸を入れて機能させようと思ったとき、穴の内径の最大許容値よりも、軸径の最小許容値が大きい場合、どんなにがんばっても軸は軸受に収まりません。穴と軸の関係を、次節で考えてみましょう。

はめあい

実際の機械で寸法許容差が重要になるのは、機械を動かす動力源の原動機からの回転軸を、ほかの部品と組み合わせる場合の穴と軸の関係であり、これを**はめあい**といいます。はめあいでは、大きな穴に小さな軸をはめればすきまができ、逆に小さな穴に大きな軸をはめれば「しめしろ」ができます。

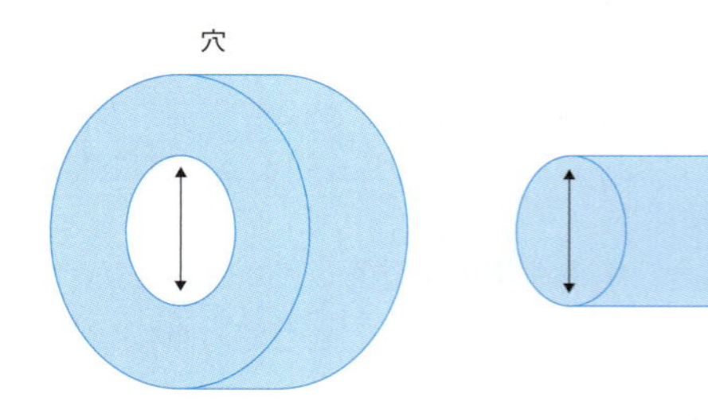

図3　穴と軸の関係

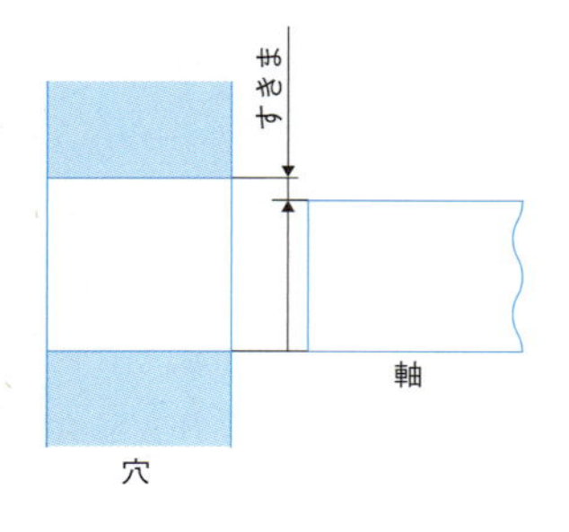

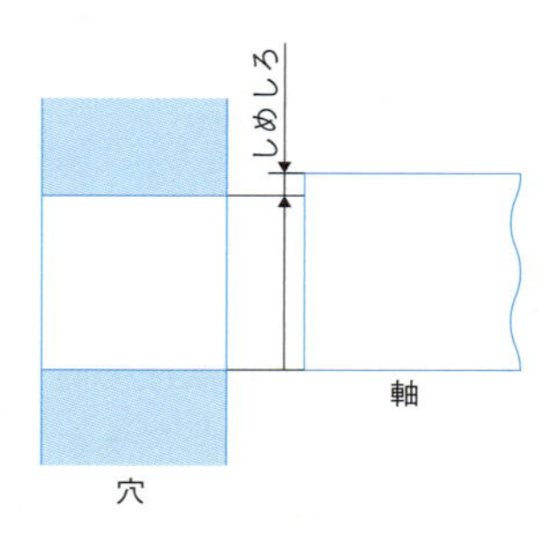

図4　すきまとしめしろ

はめあいには、次の3種類があります。穴の最小許容寸法よりも軸の最大許容寸法が小さい場合を**すきまばめ**といい、軸と軸受の関係などに用いられます。穴の最大許容寸法よりも軸の最小許容寸法が小さい場合を**しまりばめ**といい、車軸と車輪の固定などに用いられます。また、穴と軸の実寸法によって、すきまができたりしめしろができる場合を**中間ばめ**といい、小さいしめしろが必要な場合に用いられます。

はめあいは、この関係を必要な範囲に抑えながら、設計したキカイを適切に作動させることになります。一般には、軸を加工するよりも、穴を加工するほうが難しいため、穴を基準として一定の値にしておき、軸の関係を決める**穴基準**が用いられます。一方、軸を基準として一定の値にしておき、穴の関係を決める**軸基準**が用いられることもあります。

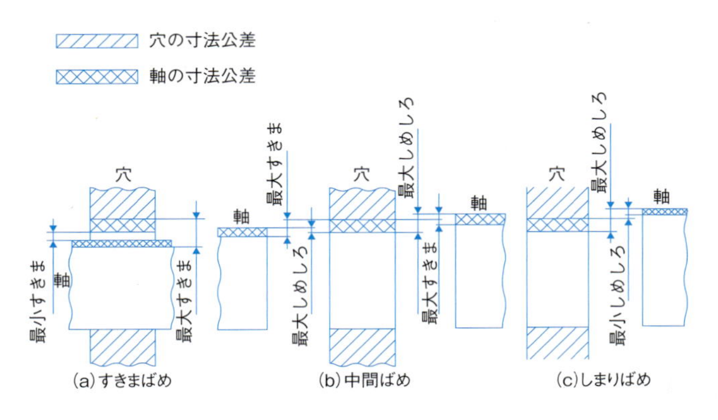

図5　はめあいの種類

表2　基本公差の値（抜粋）

基準寸法の区分（mm）		公差等級					
		IT5	IT6	IT7	IT8	IT9	IT10
を超え	以下	基本公差の数値（μm）					
−	3	4	6	10	14	25	40
3	6	5	8	12	18	30	48
6	10	6	9	15	22	36	58
10	18	8	11	18	27	43	70
18	30	9	13	21	33	52	84
30	50	11	16	25	39	62	100
50	80	13	19	30	46	74	120
80	120	15	22	35	54	87	140
120	180	18	25	40	63	100	160

JISでは穴と軸の寸法公差が規定されており、これを**基本公差**といいます。記号ITの次に数値（1～18）を記入した18段階があります。この範囲で穴に適用されるのはIT6～10、軸に適用されるのはIT5～9です。**表2**に基本公差の一部を抜粋して示します。

たとえば、直径10mmで公差等級IT7としたとき、軸や穴の寸法公差は15μmになります。また、直径100mmで同じ公差等級IT7のとき、寸法公差は35μmになります。このことから、同じ公差等級でも、基準寸法が大きくなるほど、公差の範囲が広がることがわかります。

はめあいにおける穴と軸の寸法の表示には、公差域の位置の記号と公差等級の組み合わせが用いられ、これを**公差域クラス**といいます。

穴の公差域の位置と記号を**図6**に示します。基準線から最も離れた位置を大文字のAで表し、基準線に近づくにしたがってB、C、……と表し、Hで基準線に一致します。その後はまたP、Rと基準から離れていき、ZCがいちばん離れた位置になります。なお、J、K、M、Nは中間の位置とします。

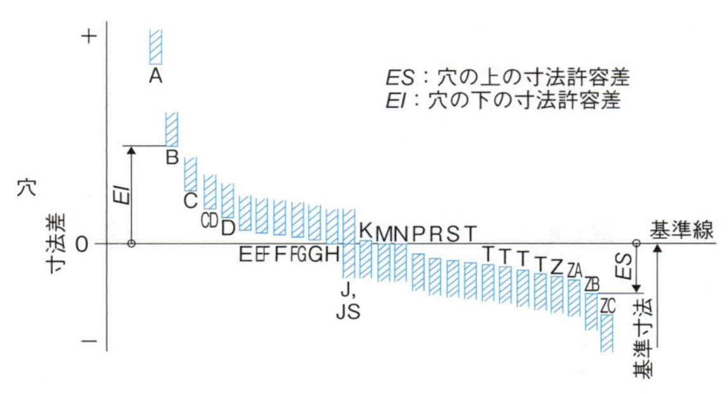

図6　穴の公差域の位置と記号

軸の公差域の位置と記号を**図7**に示します。基準線から最も離れた位置を小文字のaで表し、基準線に近づくにしたがってb、c、……と表し、hで基準線に一致します。その後はまたm、nと基準から離れていき、zcがいちばん離れた位置になります。

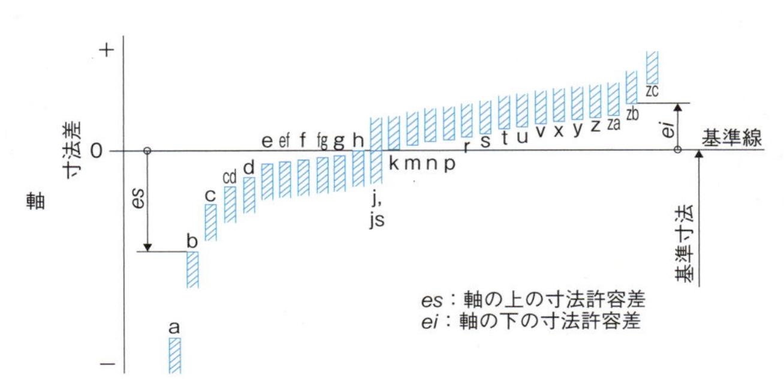

図7　軸の公差域の位置と記号

よく用いられる穴基準はめあいを**表3**、よく用いられる軸基準はめあいを**表4**に示します。

たとえば、穴基準においてH7の基準穴とh6の軸の組み合わせ

表3　多く用いられる穴基準はめあい

基準穴	軸の公差域クラス																
	すきまばめ							中間ばめ			しまりばめ						
H6						g5	h5	js5	k5	m5							
					f6	g6	h6	js6	k6	m6	n6*	p6*					
H7					f6	g6	h6	js6	k6	m6	n6*	p6*	r6*	s6	t6	u6	x6
				e7	f7		h7	js7									
H8					f7		h8										
				e8	f8		h9										
			d9	e9													
H9			d8	e8			h8										
		c9	d9	e9			h9										
H10	b9	c9	d9														

注*これらのはめあいは、寸法の区分によっては例外を生じる

があるとき、**表3**より「すきまばめ」になります。また、軸基準においてh6の基準軸とK6の軸の組み合わせがあるとき、**表4**より「中間ばめ」になります。

穴や軸の寸法許容差の具体的な値は、それらがまとめられている表（本書では省略）を参照して求めます。

たとえば、ϕ 20H7という穴について、基準区分の寸法がH7と合致する欄の数値を求めると、+21、0が得られます。ここでの単位はμmであるため、これをmmに換算すると、

穴の最大許容寸法＝基準寸法＋上の寸法許容差
＝20.000 + 0.021 = 20.021mm
穴の最小許容寸法＝基準寸法＋下の寸法許容差
＝20.000 + 0.000 = 20.000mm

となります。

表4　多く用いられる軸基準はめあい

基準穴	穴の公差域クラス																
	すきまばめ							中間ばめ				しまりばめ					
h5							H6	JS6	K6	M6	N6*	P6					
h6					F6	G6	H6	JS6	K6	M6	N6	P6*					
					F7	G7	H7	JS7	K7	M7	N7	P7*	R7	S7	T7	U7	X7
h7				E7	F7		H7										
					F8		H8										
h8			D8	E8	F8		H8										
			D9	E9			H9										
h9			D8	E8			H8										
		C9	D9	E9			H9										
	B10	C10	D10														

注＊これらのはめあいは、寸法の区分によっては例外を生じる

幾何公差

メカノ君：寸法公差やはめあいについていろいろ勉強しましたが、なんだかしっくりしないことがあるんです。穴とか軸がでてきたときの寸法を直径で説明していたけれど、穴とか軸って円ですよね？　円が少しでもいびつだったらどうするのかと思って……。

エレキさん：ボール盤の穴開けで、いつもいびつな穴を開けてしまっているメカノ君ならではのコメントね。ボール盤による加工でもプレスキカイを用いた加工でも、どの方向から測定してもまったく同じ直径になる真円を加工するのは難しいと思います。

テクノ先生：そのとおりです。ものづくりの経験を通して、そういうことがイメージできるのはすばらしい。確かに、円がかならず真円という保証はありませんから、そういうことを含めた**幾何公差**も考えておかないといけないのです。これからそれらについて学んでいきます。

図8　真円とは

(1) 真円度

ある円において、どの2点距離も等しければ、その円は真円であるといえるでしょうか。実は、かならずしもそうとはいえません。

その代表的なものは、正三角形の各頂点を中心に、半径がその正三角形の1辺となる円弧で結んでできる**ルーローの三角形**です。

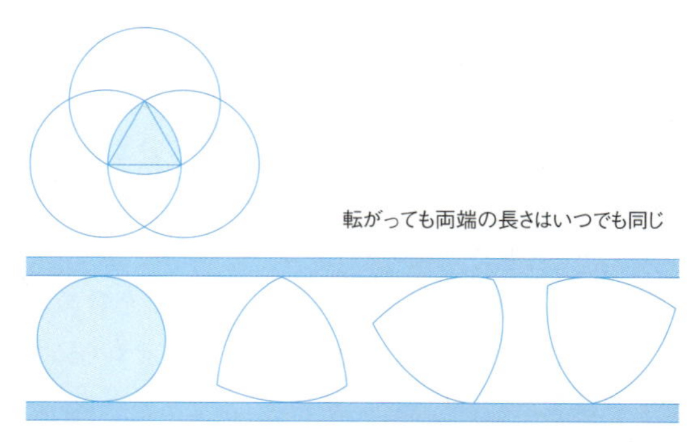

図9　ルーローの三角形

これほど極端でなくても、機械部品の場合は、円形形体の幾何学的な平面からの狂いの大きさを示す必要があります。

真円度は、**図10**のような2つの幾何学的円ではさんだときの同心2円の間隔が最小になる2つの円の半径差、すなわちtのことです。

また、真円度の表記例を**図11**に示します。この意味は、円筒表面の任意の軸直角の断面において、実測した円周線は同一平面上で、かつ半径距離で0.02mmだけ離れた2つの同心円の間にある、すなわち0.02mmの範囲内では崩れていてもかまわないということです。

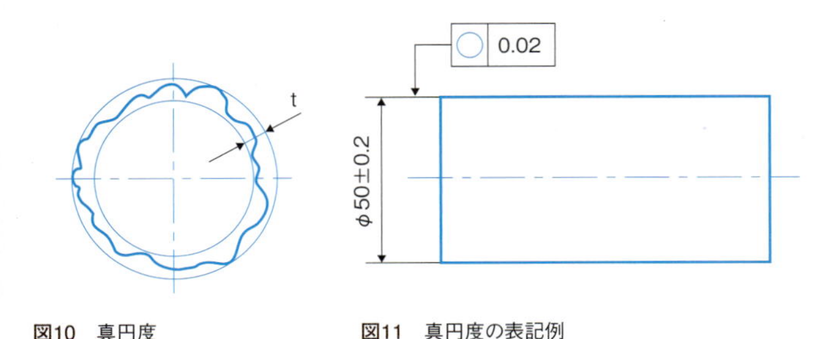

図10　真円度

図11　真円度の表記例

(2) 真直度

真円度もそうですが、そもそも円筒部の中心軸や表面がぶれていては仕方がありません。真直度は、直線形体が幾何学的な直線からの狂いの大きさを表したものです。すなわち、ある直線がどのくらい真っ直ぐかを指定します。この関係を**図12**に示します。

また、真直度の表記例を**図13**に示します。この意味は、直径0.01mmの真っ直ぐな円筒の範囲に中心がある、すなわち0.01mmの範囲内では崩れていてもかまわないということです。

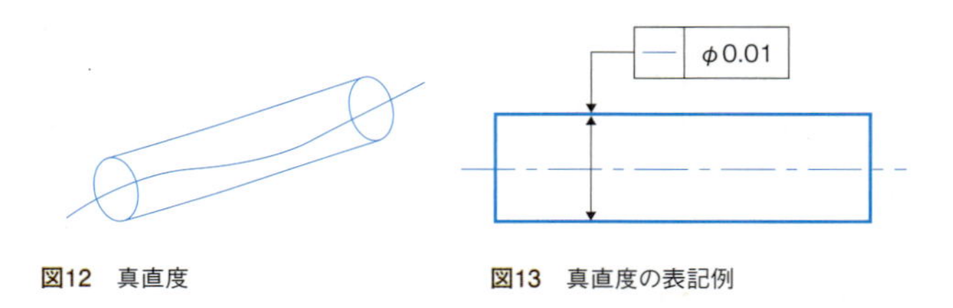

図12　真直度　　図13　真直度の表記例

(3) 平面度

平面度は、平面形体の幾何学的な平面からの狂いの大きさを表したものです。すなわち、ある平面がどのくらい平らかを指定します。この関係を**図14**に示します。

また、平面度の表記例を**図15**に示します。この意味は、ある平面が0.08mmだけ離れて平行した平面内にある、すなわち0.08mmの範囲内では離れていてもかまわないということです。

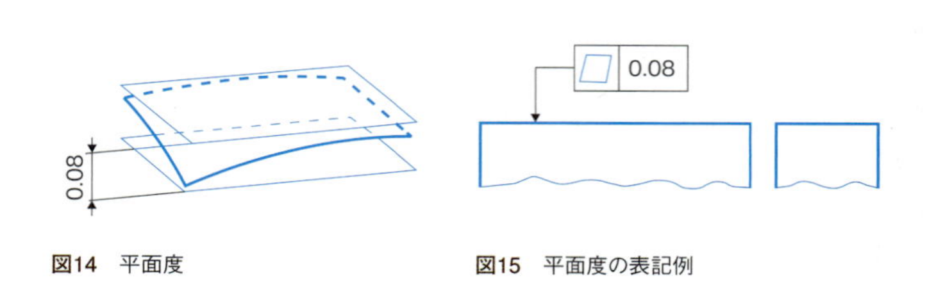

図14　平面度　　図15　平面度の表記例

(4) 円筒度

真円度だけでは立体物の形状を正確に表すことはできないため、円筒形体の幾何学的な円筒からの狂いの大きさを表したのが**円筒度**です。この関係を**図16**に示します。

また、円筒度の表記例を**図17**に示します。この意味は、ある円筒は0.02mmだけ離れた円筒内にある、すなわち0.02mmの範囲内では崩れていてもかまわないということです。

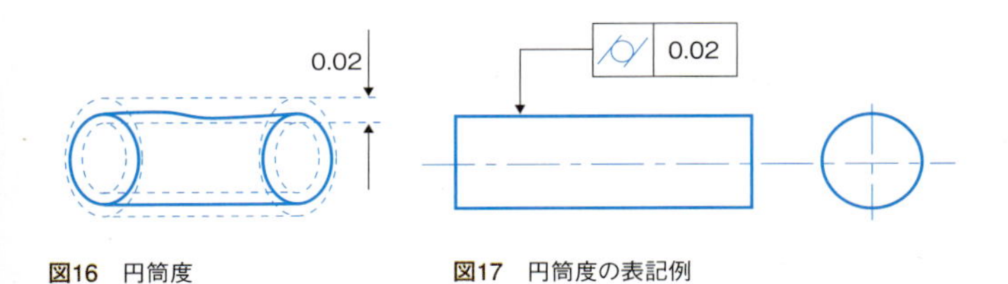

図16　円筒度　　図17　円筒度の表記例

(5) 線の輪郭度

線の輪郭度は、理論的に正確な寸法によって定められた幾何学的に正しい輪郭からの、線の輪郭の狂いの大きさのことです。**図18**の場合、指定した曲面を切断した断面の線が0.1mmの公差域にあることを示しています。

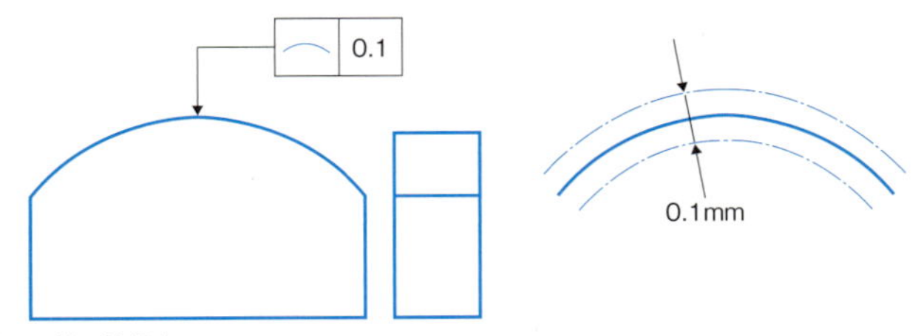

図18　線の輪郭度

(6) 面の輪郭度

面の輪郭度は、理論的に正確な寸法によって定められた幾何学的に正しい輪郭からの、面の輪郭の狂いの大きさのことです。**図19**の場合、指定した曲面全体が0.1mmの公差域にあることを示しています。

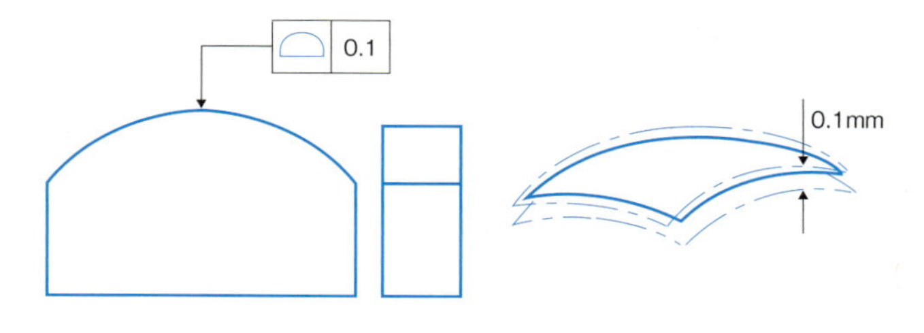

図19　面の輪郭度

メカノ君：機械部品を正しい形状に製作するのに、ここまで細かな指示をする必要があるとは思っていませんでした。驚きです。

エレキさん：同感です。まだまだそこまで精密なものづくりをした経験がないので、なかなか実感がわきませんが……。

テクノ先生：実はこれでもまだ入門的な内容で、まだまだ細かな指示は存在します。ただし、すべての線や面にこのような指示をすると作図の手間がかかってしまうので、寸法の普通公差と同じく、幾何公差に関しても、1つの面に対して複数の幾何特性をもつもので、特に機能上の要求がない場合には、図面指示を簡単にするために、幾何公差を一括して指示する普通幾何公差があります。まずはこれを理解して、必要に応じて個々の幾何公差を指示することを考えるといいでしょう。

(7) 普通幾何公差

真円度や真直度、平面度、円筒度、線の輪郭度、面の輪郭度などを、それぞれ図面に記入することもできますが、特に機能上の要求がない場合には、図面指示を簡単にするために、幾何公差を一括して指示する普通幾何公差を用います。真直度および平面度の普通公差を**表5**に示します。

この普通幾何公差を適用したいときは、図面内に「個々に指示のない公差はJIS B 0419」などと記載します。

たとえば、公差等級Kで呼び長さが20mmのときには、真直度および平面度の普通公差は0.1mmとなります。

表5　真直度および平面度の普通公差　　単位：mm

公差等級	呼び長さの区分					
	10以下	10を超え30以下	30を超え100以下	100を超え300以下	300を超え1000以下	1000を超え3000以下
	真直度公差及び平面度公差					
H	0.02	0.05	0.1	0.2	0.3	0.4
K	0.05	0.1	0.2	0.4	0.6	0.8
L	0.1	0.2	0.4	0.8	1.2	1.6

ここまでで紹介した幾何公差は、いずれも1つの形体に対して単独で指定するものでした。これに対して、平行度や直角度、傾斜度などを基準となる相手に対して指定するものがあり、これを**データム**といいます。

データムには、平行度や直角度、傾斜度などを指定する**姿勢公差**、位置度、同心度、対称度などを指定する**位置公差**、また回転体を回転させたときの振れなどを指定する**振れ公差**などの種類があります。

本書ではこれ以上くわしく取り上げませんが、幾何公差についてより深く学ぶときには、データムなどを参照するといいでしょう。

エレキさん：幾何公差はまだまだ奥が深いのですね。まずはここまでの基本をしっかり覚えないと……。

表面性状

テクノ先生：次も細かい話になりますが、機械部品の表面についてです。フライス盤などで金属の切削加工をしたことがある人なら実感したと思いますが、加工した金属の表面はツルツルしていたり、ザラザラしています。できるだけ早く切削加工を行うためには、初めのうちは切り込みを深くして送りも早くする荒めの加工を行い、最後の仕上げは送りを遅くして、表面をなめらかに仕上げます。

これでめっきや塗装をする場合もありますが、多くの場合は砥粒を用いて表面をよりなめらかに加工する**砥粒加工**が行われます。砥石を高速で回転させて表面を仕上げる**研削加工**も機械工作で学びました。ここではツルツルやザラザラをどのように図面に表記するのかについて学んでいきます。

メカノ君：確かにフライス盤の実習では、加工した機械部品の表面がそれほどキレイに仕上がらなかったので、あとから研削盤で仕上げたらツルツルになりました。ツルツルになった度合いを図面に表記するにはどうするのか、興味津々です。

図20　材料の表面の状態

(1) 表面性状の測定

材料の表面の状態を知るためには、なんらかの触針を表面に当ててなぞりながら、その凹凸を曲線に表す作業が基本となります。これに用いられるのが**触針式表面粗さ測定機**です。この測定機で得られた断面曲線を凹凸の大きさ(波長)で分離し、小さな凹凸を**粗さ曲線**、大きな凹凸は**うねり曲線**とします。

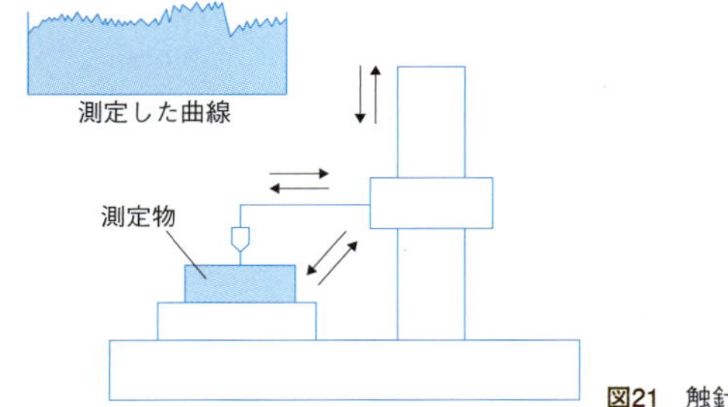

図21　触針式表面粗さ測定機

測定された曲線の処理方法は、いくつか規定されていますが、最も多く用いられている粗さのパラメータが**算術平均粗さ**(Ra)です。これは、粗さを測定した曲線のある部分を基準長さとして抜き取り、平均線より下側にある部分を平均線で折り返し、平均線よりも上側の部分と合わせた部分の平均値、すなわち各点の高さの絶対値の平均値を求めたものです。

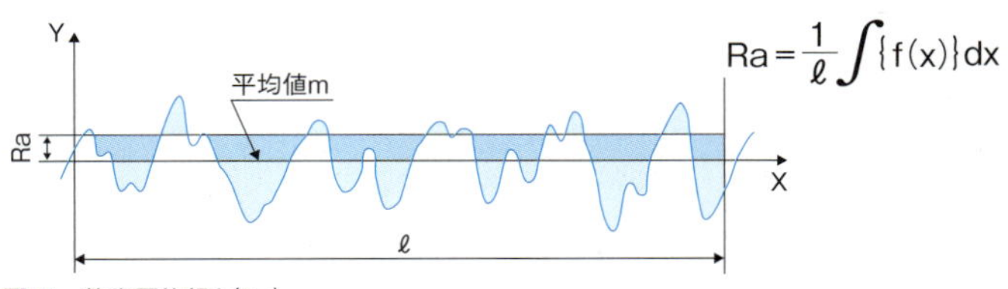

図22　算術平均粗さ(Ra)

また、**最大高さ粗さ**(Rz)は、粗さ曲線からその平均線の方向に基準長さだけを抜き取り、この抜き取り部分の山の高さの最大値Rpと谷の深さの最大値Rvとの和を(μm)で表したものをいいます。Ry(最大高さ)を求める場合には、きずと見なされるような並みはずれて高い山や低い谷がない部分から、基準長さだけ抜き取ります。

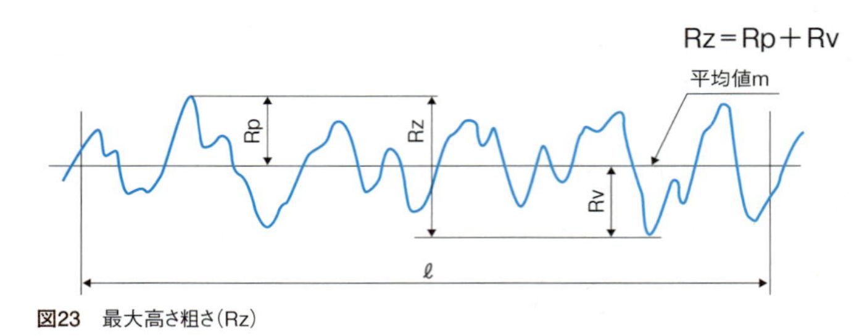

図23 最大高さ粗さ(Rz)

(2) 表面性状の表記法

表面性状の表記は、規格の改定によりいくつかの変遷をたどりましたが、現在は**図24**に示すような指示記号となっており、これに記号や数値を加えるものもあります。

図24 表面性状の表記法

表面粗さの指示方法は、面の指示記号に対し、表面粗さの値、カットオフ値または基準長さ、加工方法、筋目方向の記号、表面うねりなどを、**図25**のように図示します。実際には標準値を用いることもあるため、かならずaからeまでの位置にすべて表記が入るとはかぎりません。

a：通過帯域または基準長さ、表面性状パラメータ記号とその値
b：複数パラメータが要求されたときの2番目以降のパラメータ指示
c：加工方法
d：筋目とその方向
e：削り代

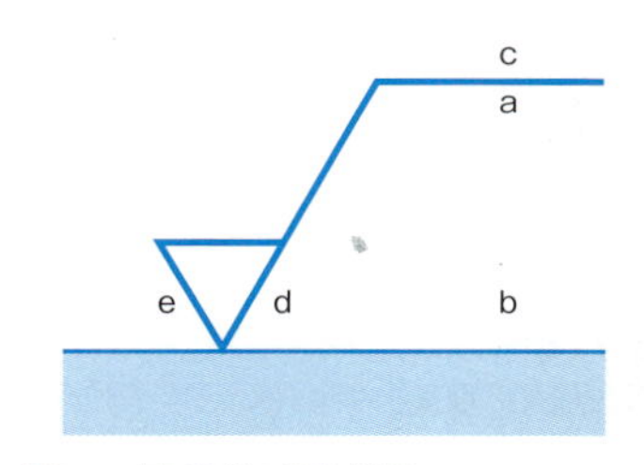

図25　表面性状の記入位置

製品などの寸法を選ぶための工業規格における基準値を**標準数**といい、**表6**で示されます。特に緑色の数値を優先的に用います。

表6　Raの標準数列　（単位：μm）

	0.012	0.125	1.25	12.5	125
	0.016	0.160	1.60	16	160
	0.020	0.20	2.0	20	200
	0.025	0.25	2.5	25	250
	0.032	0.32	3.2	32	320
	0.040	0.40	4.0	40	400
	0.050	0.50	5.0	50	
	0.063	0.63	6.3	63	
0.008	0.080	0.80	8.0	80	
0.010	0.100	1.00	10.0	100	

表6において、表面性状の表記で用いられる標準数列において、6.3は一般的な切削加工で得られるきわめて経済的できれいな仕上げ面、3.2は中級の仕上げ面、1.6は良好な機械仕上げ面、0.2や0.1はより精密な仕上げ面に適用されます。

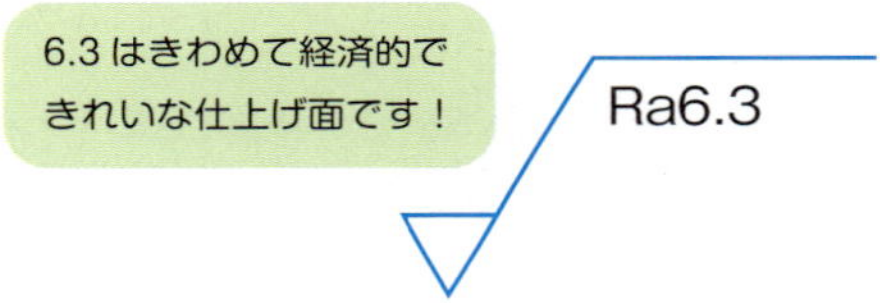

6.3はきわめて経済的で
きれいな仕上げ面です！

Ra6.3

図26　記号例

dの位置に記入する**筋目**とその方向には、**表7**に示す記号が用いられます。

表7　筋目の方向の記号

記号	意味
＝	加工による刃物の筋目の方向が、記号を記入した図の投影面に平行。 例：形削り面
⊥	加工による刃物の筋目の方向が、記号を記入した図の投影面に直角。 例：形削り面（横から見る状態）
X	加工による刃物の筋目の方向が、記号を記入した図の投影面に斜めで2方向に交差。例：ホーニング仕上げ面
M	加工による刃物の筋目が、多方向に交差または無方向。例：ラップ仕上げ面、超仕上げ面、横送りをかけた正面フライスまたはエンドミル削り面
C	加工による刃物の筋目が、記号を記入した面の中心に対してほぼ同心円状。 例：面削り面
R	加工による刃物の筋目が、記号を記入した面の中心に対して、ほぼ放射状。

cの位置に記入する加工方法には、**表8**に示す記号が用いられます。

表8　加工方法

加工方法	略号		加工方法	略号	
	Ⅰ	Ⅱ		Ⅰ	Ⅱ
旋盤	L	旋	ホーニング盤	GH	ホーン
穴開け（ドリル加工）	D	キリ	液体ホーニング仕上げ	SPL	液体ホーン
中ぐり	B	中グリ	バレル研磨	SPBR	バレル
フライス削り	M	フライス	バフ仕上げ	FB	バフ
平削り	P	平削	ブラスト仕上げ	SB	ブラスト
形削り	SH	形削	ラップ仕上げ	FL	ラップ
ブローチ削り	BR	ブローチ	やすり仕上げ	FF	やすり
リーマ仕上げ	FR	リーマ	きさげ仕上げ	FS	キサゲ
研削	G	研	ペーパ仕上げ	FCA	ペーパ
ベルトサンディング	GB	布研	鋳造	C	鋳

メカノ君：機械製図は単に図形の幾何学を理解しておくだけでなく、その部品をどのように加工するかなど、機械工作に関する知識も欠かせないということですね。

エレキさん：機械実習で学んだ工作法はもちろん、まだ実際にしたことがない工作法についても、理解しておきたいものです。

テクノ先生：それでは、次の記号はどう読みますか？

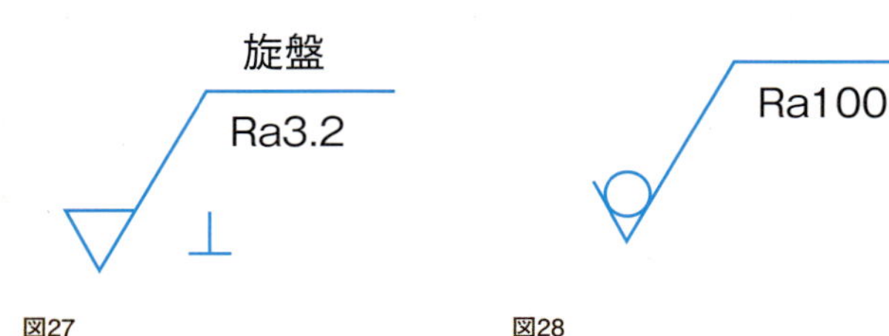

図27　　図28

メカノ君：図27は、算術平均粗さが3.2μmに旋盤で加工し、筋目方向はほぼ投影面に直角だと思います！

エレキさん：図28は除去加工なしで、算術平均粗さが100μmです。100μmは0.1mmですから、粗くザラザラした感じですね。

テクノ先生：そのとおり。きちんと理解できていますね。さて、これらの記号ですが、すべての部分について指示する必要がありますが、大部分に同じ表面性状が求められる場合には、図全体に対して、**図29**のように記載します。（　）内の2つの記号は、図面内でも指示したものです。すなわち、全部で3種類の表面性状があることを意味しています。

Ra50 （Ra25 Ra6.3）

図29

メカノ君：これで材料表面のツルツルやザラザラを図面上に表すことができるようになりました。

エレキさん：図面上にこれほど細かいことを指示しているとは思ってもいませんでした。でもよく考えてみると、寸法どおりの加工ができていても、表面がツルツルしているものとザラザラしているものを同じと見なすことはできないので、やはり改めて規格は大事だと思います。

第5章
機械要素の製図

基本的な製図の知識と 3D CAD による基本図形の作成を学んだので、いよいよ本格的な機械製図の説明に入っていきます。本章では、ねじや歯車、ばねなど、さまざまな機械に共通して用いられることが多い、機械要素の製図に取り組みます。

ねじの製図

①ねじの基礎

ねじは、機械部品の固定や運動の伝達系に関係してたくさん用いられる代表的な機械要素です。ねじにはらせん状の溝が円筒の外側に切られている**おねじ**と、内側に切られている**めねじ**があります。ねじの寸法は、おねじの場合は**外径**、めねじの場合は**谷の径**で表し、これを**呼び径**ともいいます。ねじ山には、先端を表す**頂**とねじ溝の**谷底**があり、ねじ山とねじ山の距離を**ピッチ**といいます。ねじ山の角度は、一般用の**メートルねじ**では60度です。一般的に使われるねじは、右に回すと締まる**右ねじ**ですが、左回転で締まる**左ねじ**もあります。

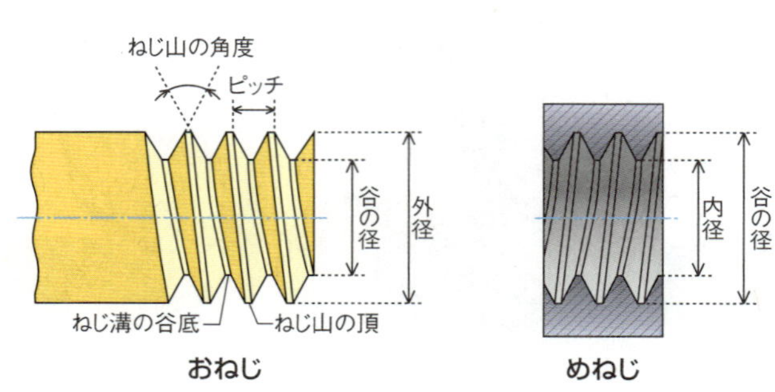

図1　おねじとめねじ

②ねじの製図

ねじの説明をする前に、ドリルで穴を開ける場合の穴の**直径**と**深さ**の表記を、**図2**に示します。ドリルの先端はとがっていますが、有効深さは円筒部分までです。「ϕ8×20」という表記は、直径8mmで深さ20mmの穴という意味です。

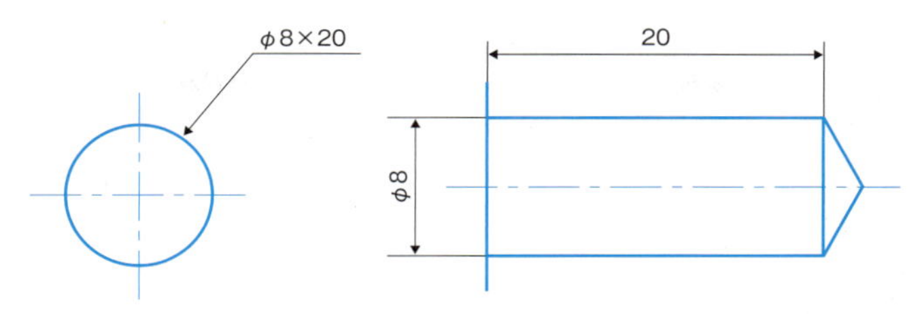

図2　穴の直径と深さの表記

製図でねじのらせん部分を毎回描くのは大変な作業になるため、日本工業規格（JIS）では、ねじの製図で簡略に表記する方法を規定しています。

側面から見た図およびその断面図で見える状態のねじは、ねじの山の頂を太い実線、ねじの谷底を細い実線で示します。

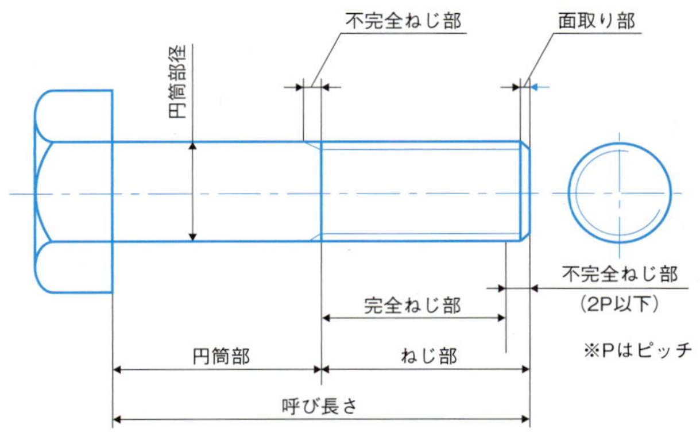

図3　六角ボルトの製図

六角ボルトの製図例を**図3**に示します。**呼び長さ**は、おねじ部品の長さを表す代表的な寸法です。ねじ部の長さは、**完全ねじ部**と**不完全ねじ部**からなります。不完全ねじ部とは、ねじの加工時につくられたねじ山の頂と谷が不完全なねじ部です。**円筒部**はねじがない部分のことです。軸部全体がねじ部の**全ねじ**もあります。

おねじの山の頂を示す線は太い実線、谷底を示す線を細い実線で描きます。また、完全ねじ部と不完全ねじ部の境界を示す線は、太い実線で描きます。ねじを端から見た図では、外径線の内側にねじの谷底を細い実線で描いた円周の$\frac{3}{4}$に等しい円の一部で表します。

なお、**呼び径**10mmのおねじとは、ねじの外径が10mmであるということです。めねじを切る場合には、初めに**下穴**を開け、次にねじ部の加工をすることが多いのですが、このことについてきちんと理解しておかないと、呼び径10mmのめねじの下穴を直径10mmのドリルで開けてしまって失敗することがあります。これではめねじを切る工具がすっぽりとはまってしまい、ねじを切ることができません。めねじの下穴の直径は谷の径で表すため、おねじの外径よりも小さくはなりません。

隠れたねじを示すことが必要な場所では、山の頂および谷底は、**図4**に示したように細い破線で表します。中心線に対して45°の線を複数描いて断面を示すハッチングを用いためねじの図示では、めねじの下穴を開けるときに用いるドリルの行き止まり部を太い実線で120°で描きます。

両端におねじが切られていて、その一方を機械の本体などに植え込んで用いる**植え込みボルト**（**図5**）と、その製図例（**図6**）を示します。

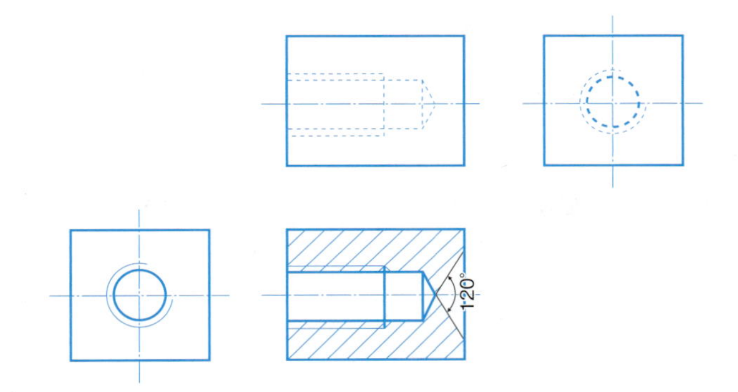

図4　隠れたねじの表記

メカノ君：先日、ねじのことを授業で学びましたが、改めて製図の時間にねじを学ぶと、その奥の深さを実感します。しかし、毎回、ねじ1本を表すのにこれだけ神経を使って線を引くのは、大変ですね。

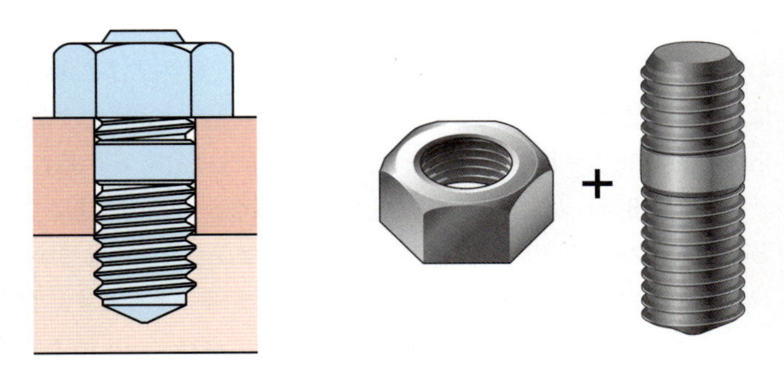

図5　植え込みボルト

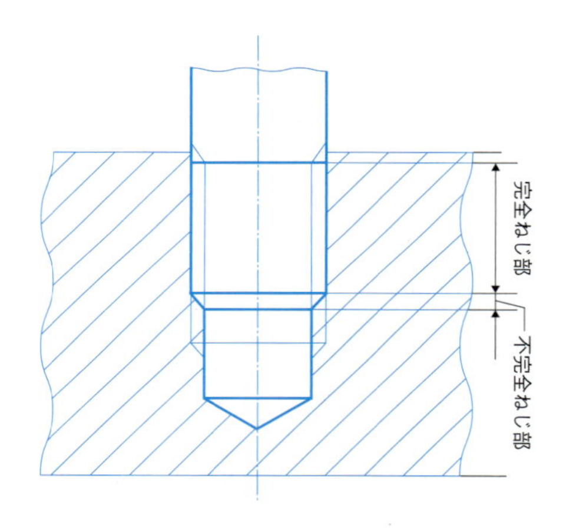

図6　植え込みボルトの製図例

③ねじ部品の指示と寸法記入

ねじにはさまざまな種類があるため、その指示と寸法記入をきちんと図面に表さなければなりません。一般的には、ねじの呼び、ねじの等級（寸法公差を表す4Hや6hなどの記号を表記）、ねじ山の巻き方向（一般に右ねじの場合はRHを省略し、左ねじの場合にLHと表記）などを表記します。ねじの長さ寸法は必要ですが、下穴の行き止まり部である**止まり穴深さ**は通常は省略できます。

図7と**図8**は、ねじの呼び径が12mmで深さが16mmであることと、下穴の直径が10.2mmで深さが20mmであることを示します。

なお、下穴の直径と深さは省略されることが多くあります。ただし、初心者は呼び径12mmのねじを切るのに直径12mmの下穴を開けてしまうことがあるので、注意が必要です。

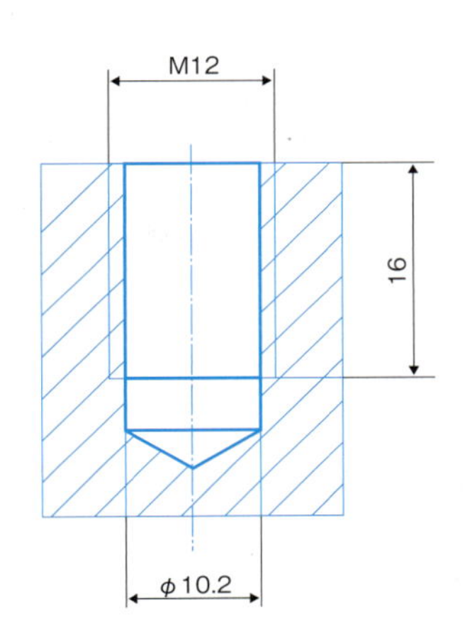

図7　ねじ部の寸法表記例1

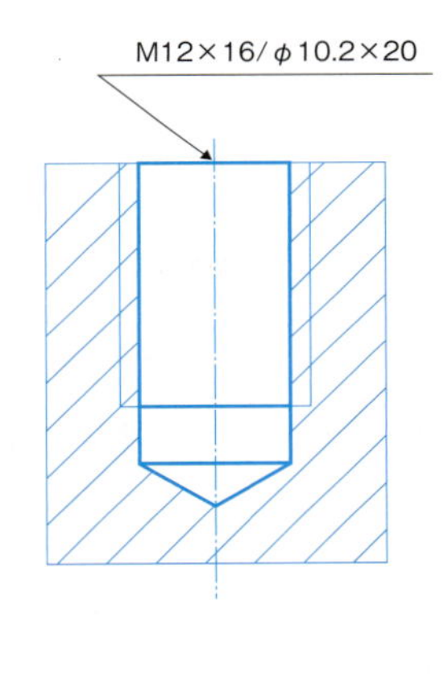

図8　ねじ部の寸法表記例2

エレキさん：ねじはたくさんの種類があるので、表記もいろいろですね。きちんと覚えられるようにがんばります。

一般的なねじは、ねじ山だけでなく、ねじの頭部形状の違いや、頭部のくぼみなどによっても分類されます。これらを含めて、ねじの形状を図示するのは手間がかかるため、JISでは**図9**に示すような簡易図示方法が規定されています。

④3D CADによるねじの製図

ねじは代表的な機械要素であり、規格品としていくつもの種類が規定されています。3D CADにはらせんを描くコマンドなどもあるので、ねじ山やねじの頭部形状などを作図できます。ただし、

No.	名称	簡略図示	No.	名称	簡略図示
1	六角ボルト	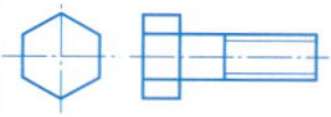	9	十字穴付き皿小ねじ	
2	四角ボルト		10	すりわり付き止めねじ	
3	六角穴付きボルト		11	すりわり付き木ねじ及びタッピンねじ	
4	すりわり付き平小ねじ(なべ頭形状)		12	ちょうボルト	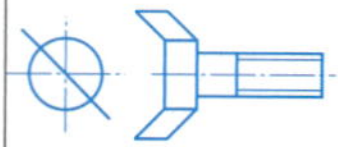
5	十字穴付き平小ねじ		13	六角ナット	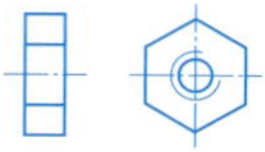
6	すりわり付き丸皿小ねじ	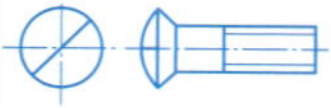	14	溝付き六角ナット	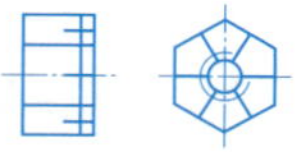
7	十字穴付き丸皿小ねじ	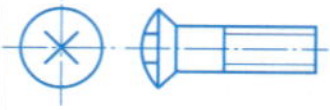	15	四角ナット	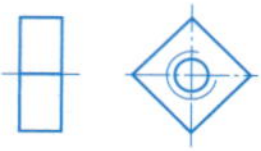
8	すりわり付き皿小ねじ	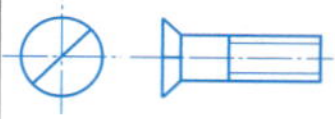	16	ちょうナット	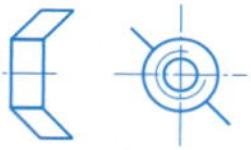

図9　おもなねじの簡易図示法

新しいねじの形状を考案するというような場合以外は、一般の機械設計者は、規格で定められた標準部品を用いることが多いものです。

3D CADの中には、これらの標準部品の機械要素のデータをライブラリとして用意しているものもあります。ねじの場合は、必要なねじの形状を選び、呼び径や長さなどを指定して用います。ここでは、機械系の3D CADであるSolidWorksのToolboxに用いられているライブラリを使用した、ねじの製図例を紹介します。これを用いることで、いちいち標準部品を作図する手間を省くことができます。

2次元の図面で、ねじ山を手描きするのは大変な作業であるため、簡略図を紹介しました。3次元の図面では、ねじ山を省略した**図10a**のような図を描くこともできますが、**b**のようにねじ山をぼんやりと描いたような図を選ぶこともできます。

図11は、ねじ山をさらにはっきりと表現したものです。このねじ山の表現も、クリック1つで選択できるので便利です。もちろんマウスを移動させることで、ねじを自由な方向からながめるこ

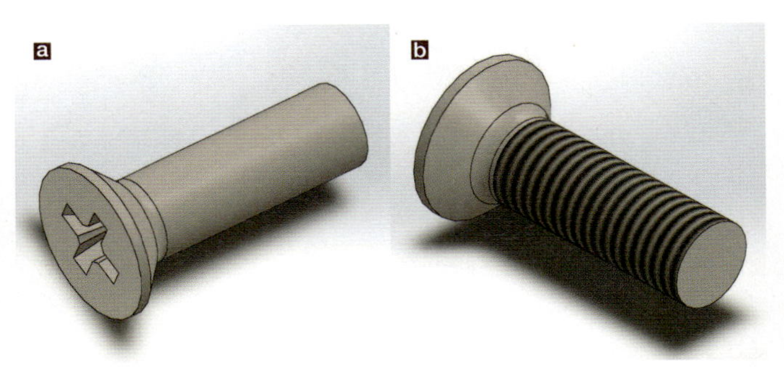

図10　3Dのねじ

とができます。なお、ここで示しているねじは、十字穴付きなべ小ねじと十字穴付き皿小ねじです。

六角穴付きボルトと六角ボルトも、**図12**のように描くことができます。

ねじの関連部品として、さまざまなナットや座金も描くことができます（**図13、14**）。

図11　十字穴付きなべ小ねじ（左）と十字穴付き皿小ねじ（右）

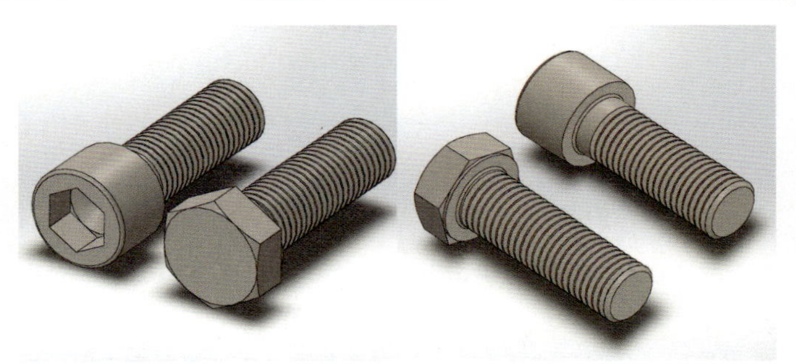

図12　六角穴付きボルト（左）と六角ボルト（右）

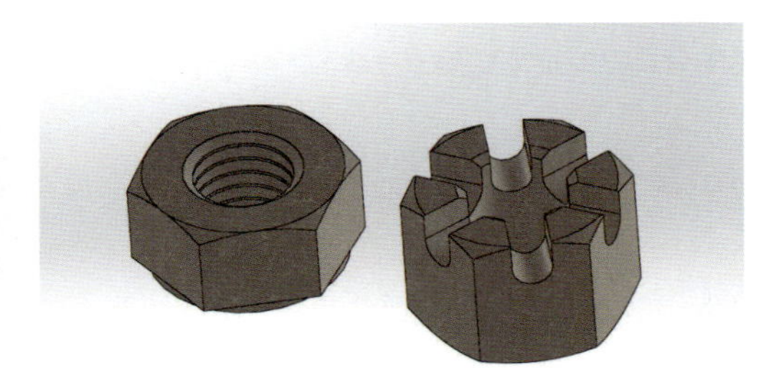

図13　六角ナット（左）と溝付き六角ナット（右）

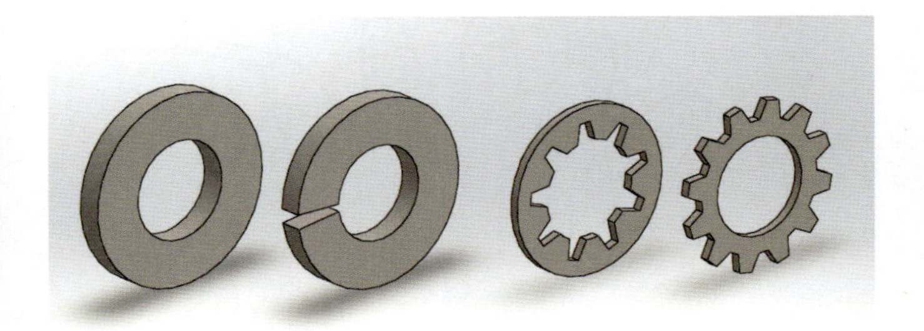

図14　座金（左から平座金、ばね座金、歯付き座金の内歯形と外歯形）

歯車の製図

①歯車の基礎

歯車は円板のまわりに複数の歯をもつ形状をした、キカイの回転運動を伝達する代表的な機械要素です。2枚の歯車がかみ合う点を**ピッチ点**、これを結んだ円を**ピッチ円**といいます。このほか、歯車に関する円には、歯の先端である歯先を結んだ**歯先円**、歯の根元を結んだ**歯底円**があります。

歯車の歯の形状の大きさは、ピッチ円の直径d[mm]を歯数z[枚]で割った値である**モジュール**mで表されます。

$$\text{モジュール}\, m = \frac{\text{ピッチ円の直径}\, d}{\text{歯数}\, z}$$

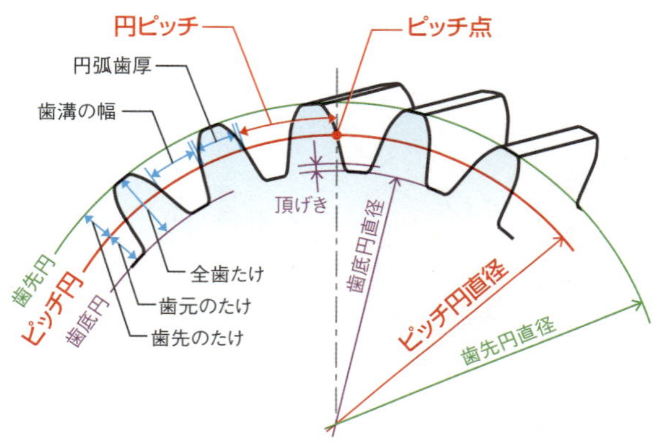

図15　歯車の各部名称

②歯車の製図

ねじの製図では、ねじ山をすべて描くのは大変なので、JISによって簡略表記する方法が規定されていました。歯車の製図も同様で、すべての歯形を描くのは大変なため、簡略表記する方法が規定されています。

歯車の描き方は、軸に直角の方向から見た図を正面図とし、歯車の図示方法は、JISでは次のように規定されています。

(1) 歯車の歯先円は、太い実線で書く。
(2) ピッチ円およびピッチ線は、細い一点鎖線で書く。
(3) 歯底円は細い実線で表すが、側面図では省略してもよい。ただし正面図を断面で示すときは、太い実線で書く。
(4) 歯すじ方向は、普通3本の細い実線で表す。
(5) かみ合う一対の歯車の歯先円は、ともに太い実線で書くが、正面図を断面図示するときは、かみ合い部の一方の歯先円を示す線を中間の太さの破線で表す。

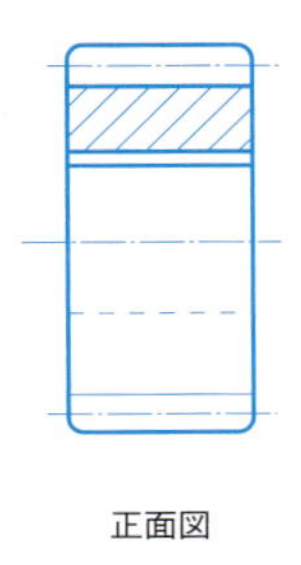

正面図

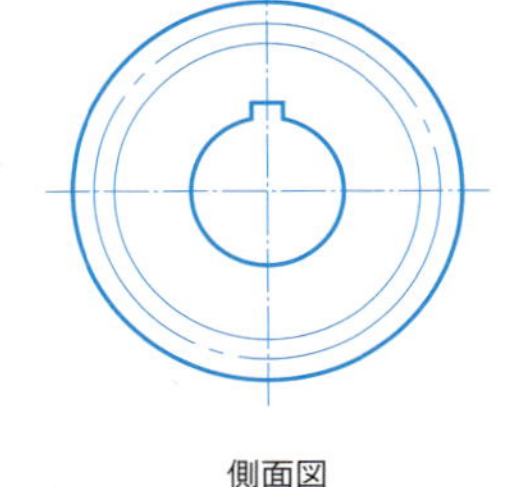

側面図

図16　平歯車

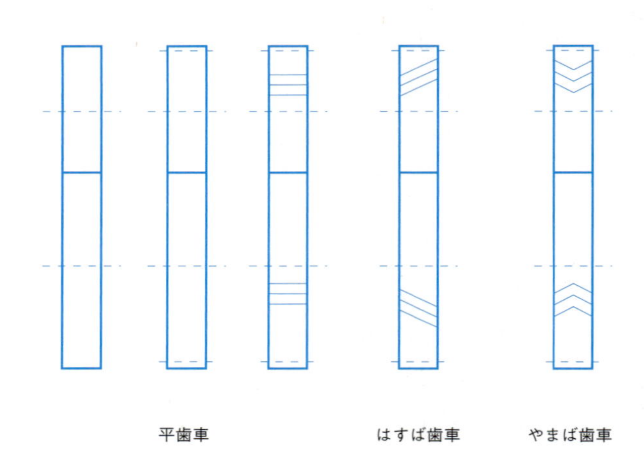

図17　かみ合う一対の平歯車の簡略図

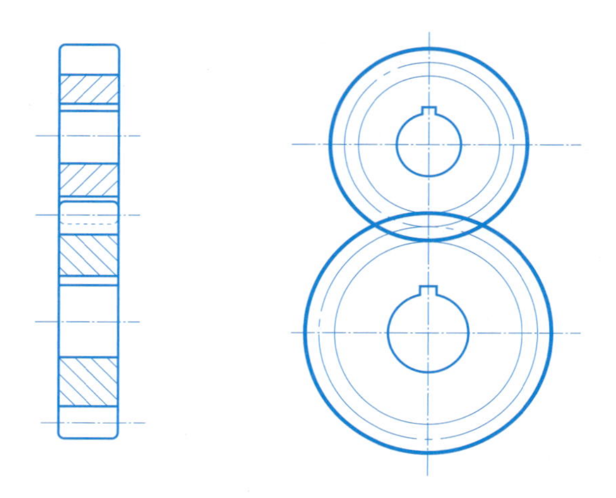

図18　かみ合う一対の平歯車

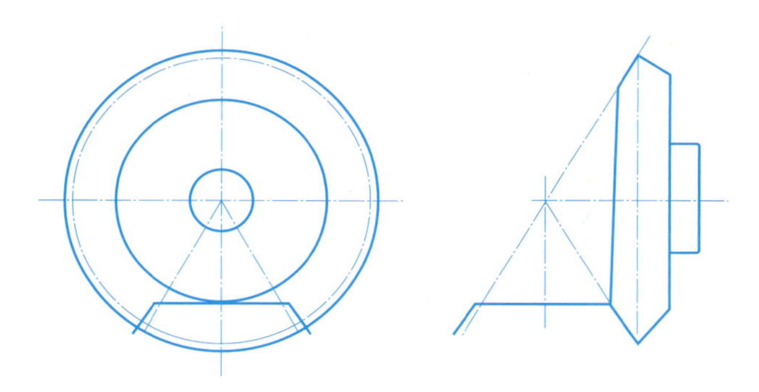

図19　ハイポイドギア

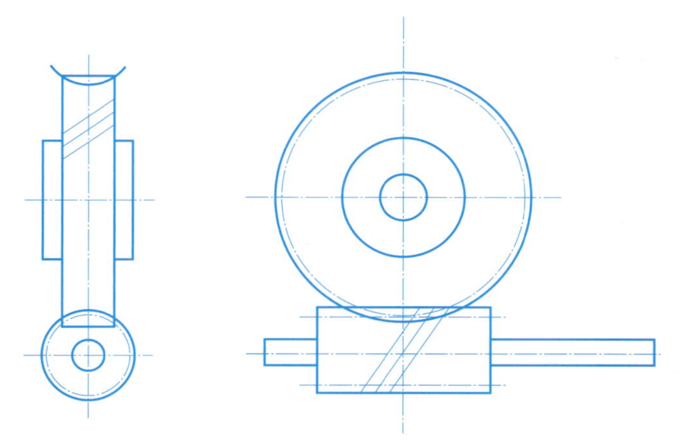

図20　かみ合うウォームおよびウォームホイール

歯車各部の寸法記入は、簡略図に記入することもできますが、詳細については図の外に**要目表**を作成し、歯形や歯数、歯厚などを記入します。特に歯車の製作を依頼するような図面では、これらの詳細が記載されていないと、図面を受け取った側が製作時に困ることになるため、正確に記載する必要があります。

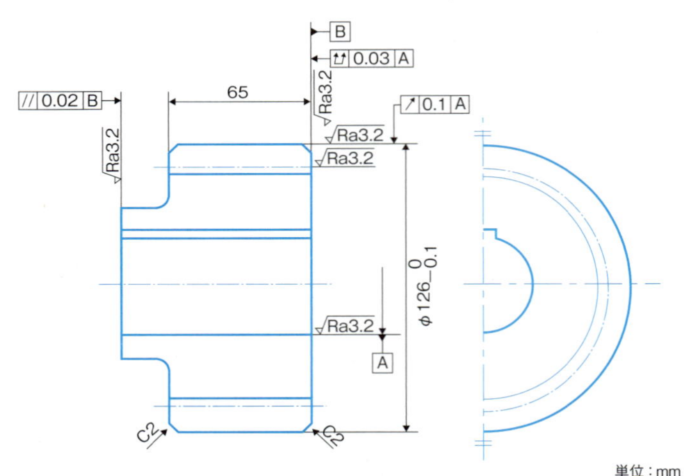

単位：mm

平歯車					
歯車歯形		転位	仕上方法		ホブ切り
基準ラック	歯形	並歯	精度		JIS B 1702 5級
	モジュール	6	備考	相手歯車転位量	0
	圧力角	20°		相手歯車歯数	50
歯数		18		中心距離	207
基準ピッチ円直径		108		バックラッシ	0.20～0.89
転位量		+3.16		*材料	
全歯たけ		13.34		*熱処理	
歯厚	またぎ歯厚	$47.96^{-0.08}_{-0.38}$ (またぎ歯数=3)		*硬さ	

図21　平歯車の図面と要目表

③3D CADによる歯車の製図

ねじの場合と同様に、SolidWorksのToolboxに用いられているライブラリを使用した例を紹介します。これを用いると、標準部品を作図する手間を省けますが、必要な歯車を選ぶためには、歯車のモジュールや歯数など、歯車に関する知識がもちろん必要になります。

図にある**圧力角度**とは、歯面のピッチ点において、その半径線と歯形への接線とのなす角を指し、多くの場合20度が使用されています。

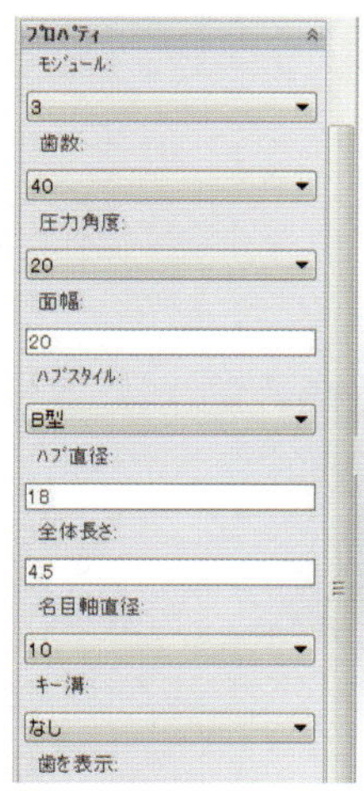

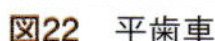
図22　平歯車

図23　はすば歯車

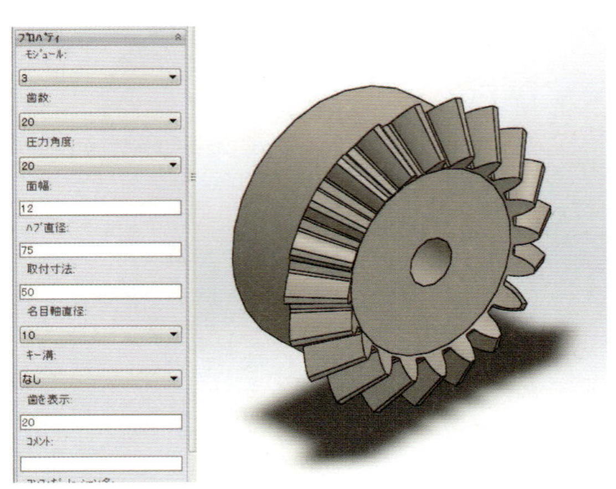

図24　マイタ歯車

メカノ君：やはり歯車は歯形がきちんと描かれていたほうが、メカメカしていていいですね。いまにもクルクルと回り始めそうに見えます。

エレキさん：私もそう思います。だけど、この歯形をすべて自分で描きなさいといわれたら無理なので、やはり3D CADはありがたいです。

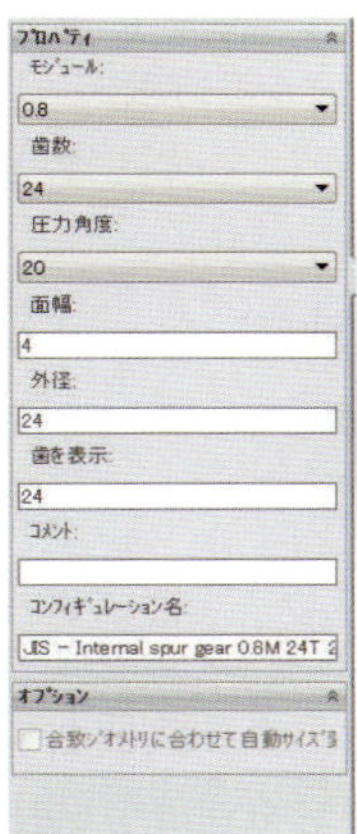

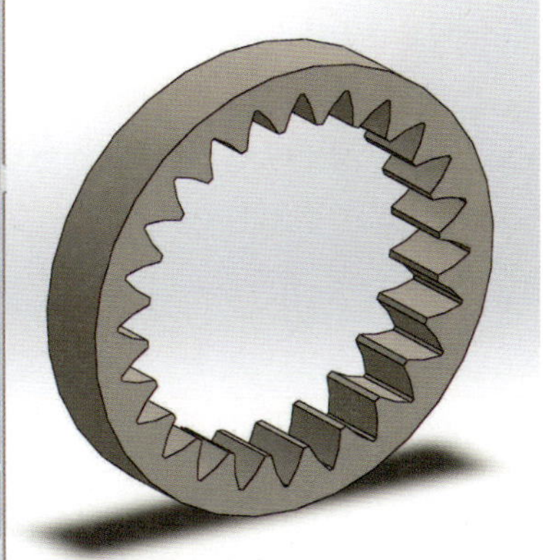

図25　内歯車

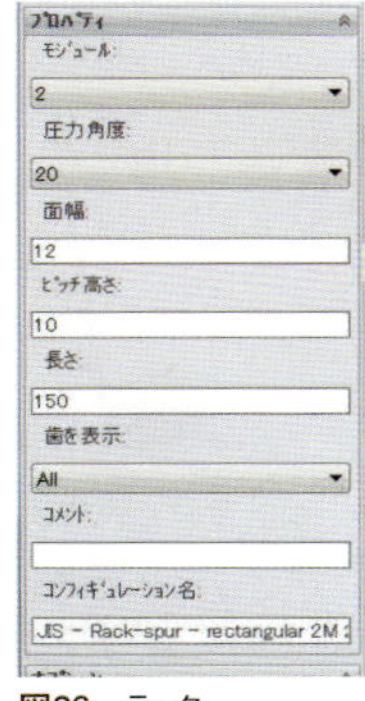

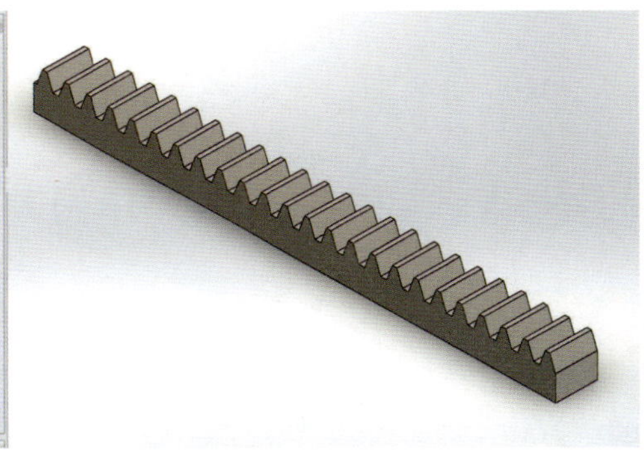

図26　ラック

ばねの製図

①ばねの基礎

ばねは力を加えると変形し、力を取り除くと復元する**弾性変形**を利用して、弾性エネルギーをたくわえたり、振動や衝撃をやわらげるなどの働きをする機械要素です。ばねに加える荷重F[N]と伸びx[mm]の関係は、**フックの法則**に従います。比例定数kを**ばね定数**といい、この値が大きいばねはかたくて変形しにくく、小さい場合にはやわらかく変形しやすいことになります。

$$F = kx \quad [\mathrm{N}]$$

線材をコイル状に巻いたばねを**コイルばね**といい、よく用いられています。その種類には、圧縮荷重を受けたときの変形を利用する**圧縮コイルばね**、引張荷重を受けたときの変形を利用する**引張コイルばね**、ねじり荷重を受けたときの変形を利用する**ねじりコイルばね**などがあります。

図27　コイルばねの種類

②ばねの製図

ねじや歯車と同様に、コイルばねのコイルをすべて描くのは大変なため、ばねの製図もJISによって簡略表記する方法が規定されています。図示には、ばねの外形で表す方法や断面で表す方法、また中心線を太い実線で単線表示する方法など、いくつかの種類があります。一般的には、ばねに荷重を加えていない無負荷での形状を描き、特にことわりのない場合には右巻きのばねとします。

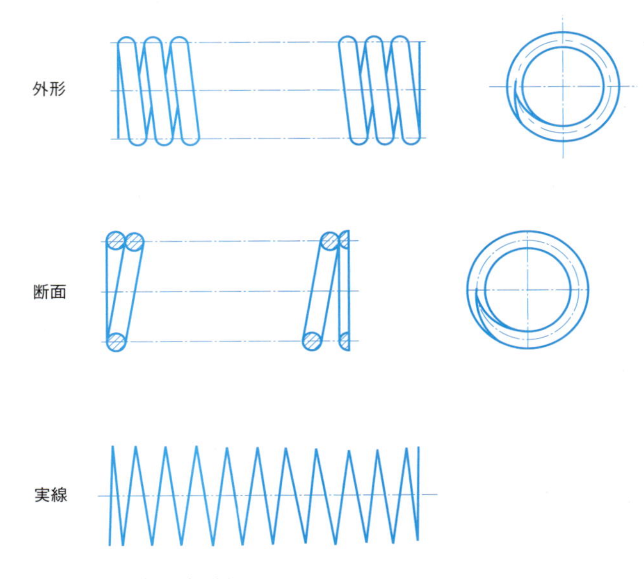

図28　圧縮コイルばねの略図例

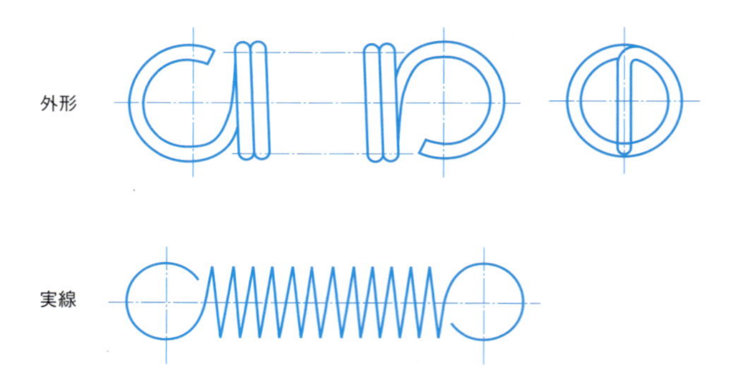

図29　引張コイルばねの略図例

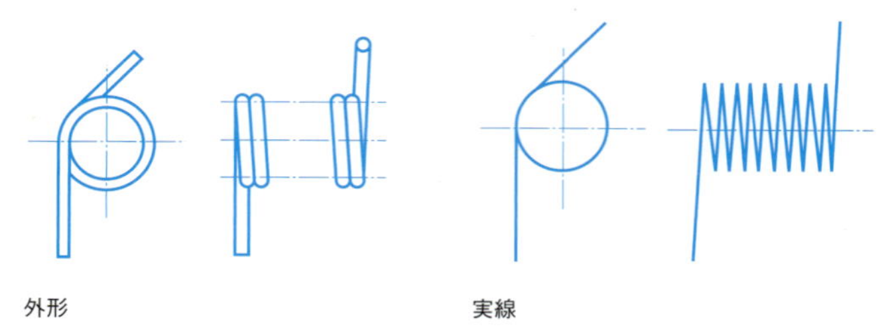

図30　ねじりコイルばねの略図例

・引張コイルばねの製作図例

ばね各部の寸法記入については、簡略図に記入することもできますが、ばねの製作図などの場合は、歯車の場合と同様、図の外に要目表を作成し、材料の直径やコイルの径、総巻数、ばね定数などを記入します。

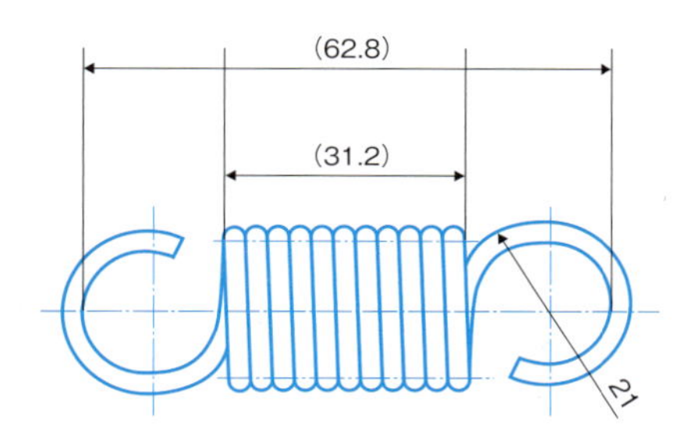

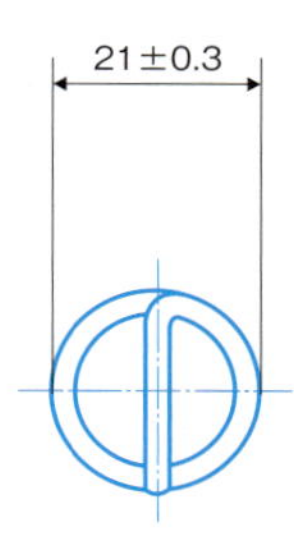

要目表

材料			SW-C
材料の直径		mm	2.6
コイル平均径		mm	18.4
コイル外径		mm	21±0.3
総巻数			11.5
巻方向			右
自由長さ		mm	(62.8)
ばね定数		N/mm	6.26
初張力		N	(26.8)
指定	荷重	N	—
	荷重時の長さ	mm	—
	長さ	mm	86
	長さ時の荷重	N	172±10%
	応力	N/mm^2	555
フック形状			丸フック
表面処理	成形後の表面加工		—
	防せい処理		防せい油塗布

備考1. 用途または使用条件：屋内、常温
　　2. $1N/mm^2=1MPa$

図31　引張コイルばねの製作図例

メカノ君：ばねは、ねじや歯車と同様に重要な機械要素だから、こうした製図もきちんと覚えておかないと。

エレキさん：ばねには、押して使うものや引いて使うものなど、いろいろあるのだということを実感しました。

③3D CADによるばねの製図

ねじや歯車のように、SolidWorksのToolboxにばねのデータがあるだろうと期待しましたが、見当たらなかったため、作図しました。

初めに、**ヘリカル/スパイラル**というコマンドでらせんを描きます。手順は、基礎になる円の直径を20mmと決め、ばねの巻数となる回転数を10、ピッチを6mm、高さを60mmなどの数値を指定します。ヘリカルカーブが作成できたら、カーブの下部の端点に平面を取り、ここにばねの線材の直径となる2mmを指定します。

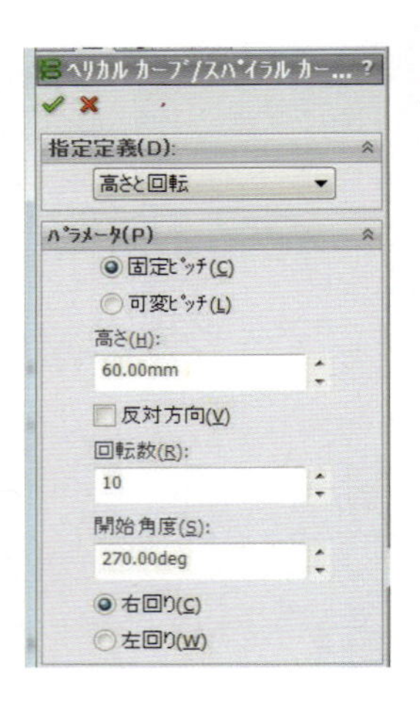

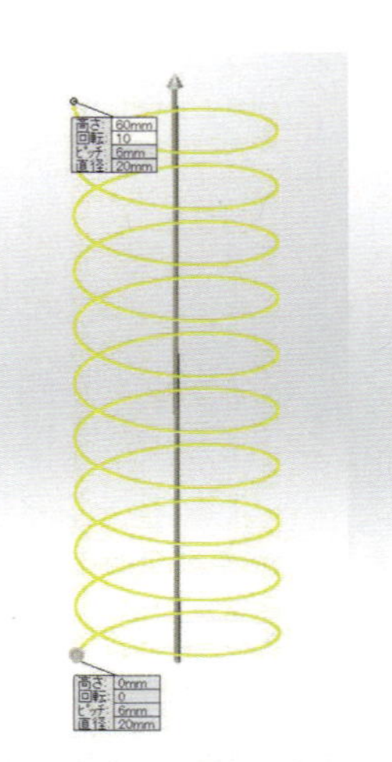

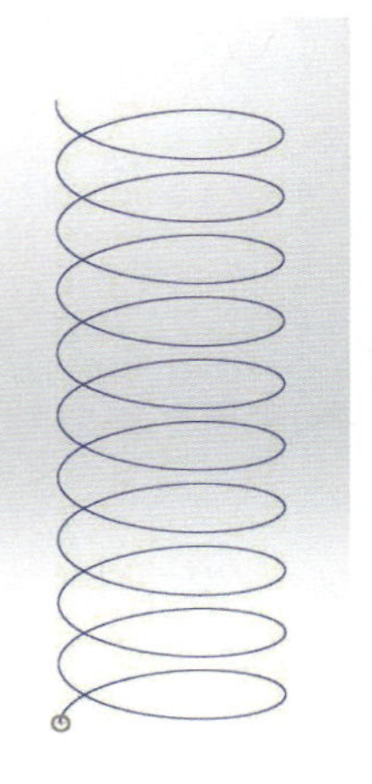

図32　コイルばねの作図

最後に、直径2mmの円をらせんのカーブに沿って移動させる**スイープ**というコマンドを使うと、立体的なコイルばね（**図33a**）が完成します。また、コイルばねが荷重を受けて長さが60mmから20mmに縮んだときの**図33b**は、初めの高さを40mmとして作図すれば容易に得られます。

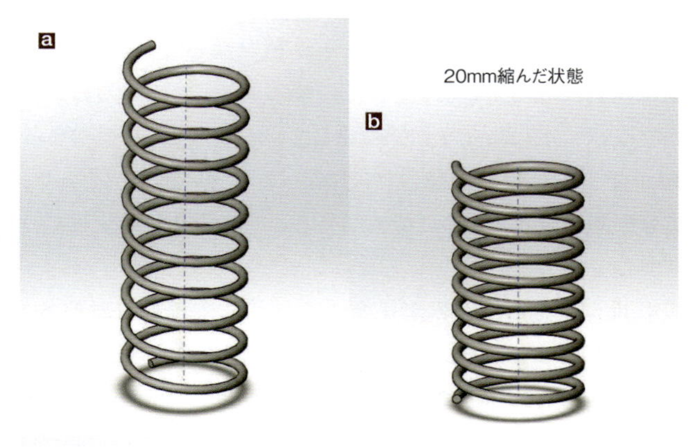

図33　完成したコイルばね

メカノ君：ねじ、歯車、ばねと機械要素がでてきて、いよいよ機械製図らしくなってきましたが、なんだか急に難しくなった感じがします。おそらくこれは、ボクの機械要素についての理解が浅いからだと思います。授業では基礎的なことを学びましたが、まだ自分が機械設計を意識して活用したことがないもので……。

テクノ先生：そうですね。機械製図は単なる3D CADのコマンド操作ではなく、これまでに機械設計や機械工作で学んだことを総動員して学んでいく必要があります。最初のうちは難しく感じると思いますが、粘り強くついてきてください。

4 軸受の製図

①軸受の基礎

軸受は、キカイの回転運動を支える働きをする重要な機械要素です。すでに歯車を学びましたが、歯車の歯の部分でかみ合った歯車の回転や力は、歯車の中心にある軸を通して伝わります。この軸は常に回転していますが、その棒の両端はどのようになっているでしょうか。部品同士が接触していると、そこにはかならず摩擦が発生し、動力伝達のロスになってしまいます。そこで、少しでも摩擦を減らすための機械部品として、軸受が活躍しているのです。

軸受には、玉やころの転がり摩擦を利用する**転がり軸受**や、軸のまわりを面で支持し、滑り摩擦を利用する**滑り軸受**などがあります。ここでは、機械要素としての標準部品がそろっている転がり軸受を中心に説明します。

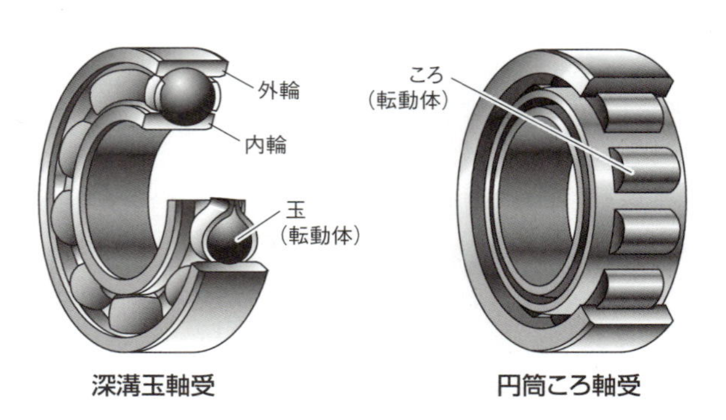

図34　転がり軸受

②転がり軸受の製図

転がり軸受は、その種類や形状、寸法などがJISで規定された標準部品があるため、基本的にはそれらの中から選択して使用します。内部には複数の玉やころなどの**転動体**があり、これらをすべて図示するのは大変なので、転がり軸受の製図についてもJISで簡略図示の方法が規定されています。

一般的な転がり軸受として、多方面に用いられている**深溝玉軸受**の製図例を**図35**に示します。実際には右の図は示さなくてもわかることが多いため、左の図だけで示すことがほとんどです。また、軸受の形式や列などを示す場合は、玉やころの部分の中心を「＋」で示すだけの簡略図示の方法もあります(**図36**)。各部の寸法はJISで主要寸法が規定されているので、改めて図面上に記入しないことも多くなっています。

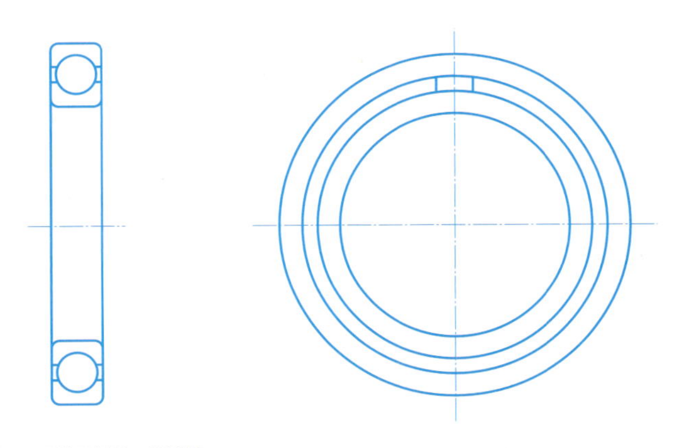

図35　深溝玉軸受の製図例

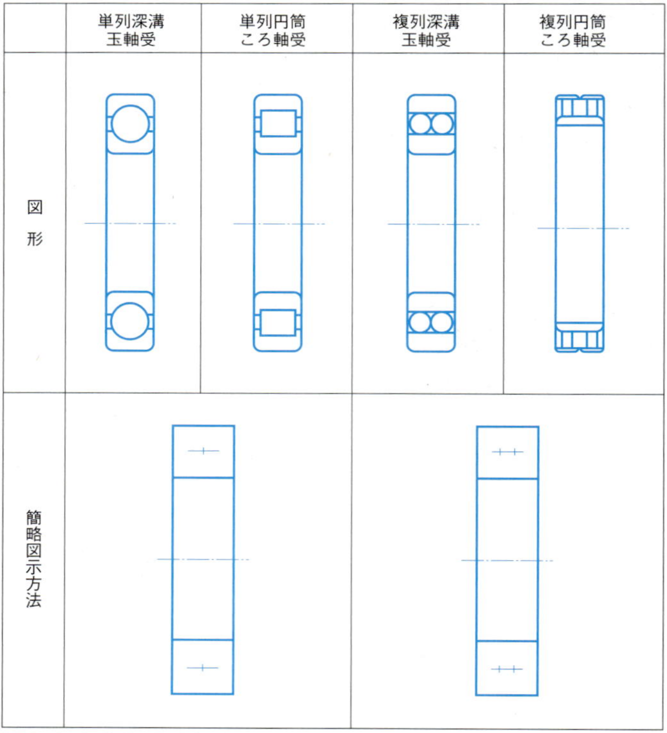

	単列深溝 玉軸受	単列円筒 ころ軸受	複列深溝 玉軸受	複列円筒 ころ軸受
図形				
簡略図示方法				

図36 転がり軸受の図形と簡略図示方法

転がり軸受の**呼び番号**は、基本番号と補助記号から構成されています。基本番号には軸受の形式や、幅および直径を示す**寸法系列記号**、軸受の内径番号や接触角などが組み合わされ、補助記号には内部寸法やシール・シールド、軌道輪形状などの表記が組み合わされています。簡略図示方法とともにこれらの区別についても理解しておき、機械設計のときに適切な転がり軸受を選定できるようにしましょう。

③3D CADによる転がり軸受の製図

転がり軸受の選定では、内径や外形、厚みや玉数などを検討します。**図37**に例を示します。**a**は玉を表示しない簡略図、**b**は玉を表示する詳細図です。また、**図38**に円筒ころ軸受、**図39**に円すいころ軸受を示します。

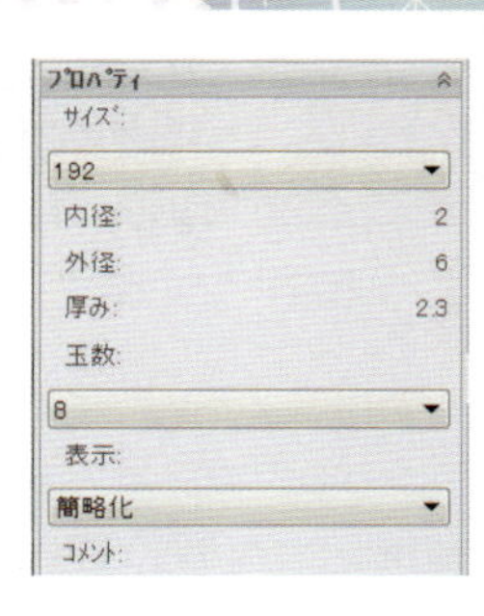

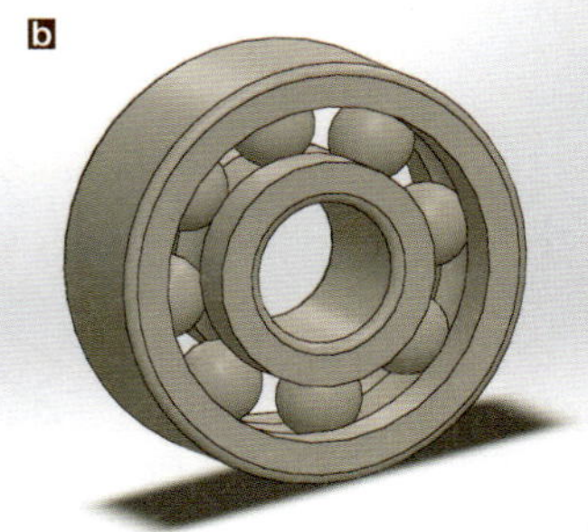

図37　転がり軸受の選定

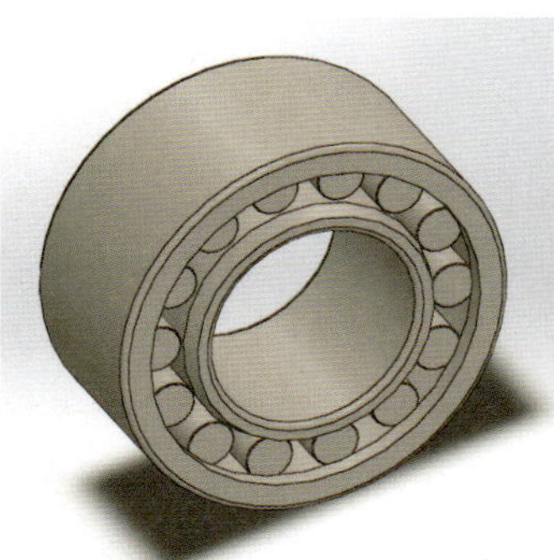

図38　円筒ころ軸受

図39　円すいころ軸受

5 軸まわりの部品の製図

①キー

歯車やプーリーなどの中心にはかならず軸があり、これらを取りつけるために用いられるものが**キー**です。小さな部品ですが、機械設計の段階できちんと把握しておくべきものであり、使用する場合には、図面にもきちんと示す必要があります。

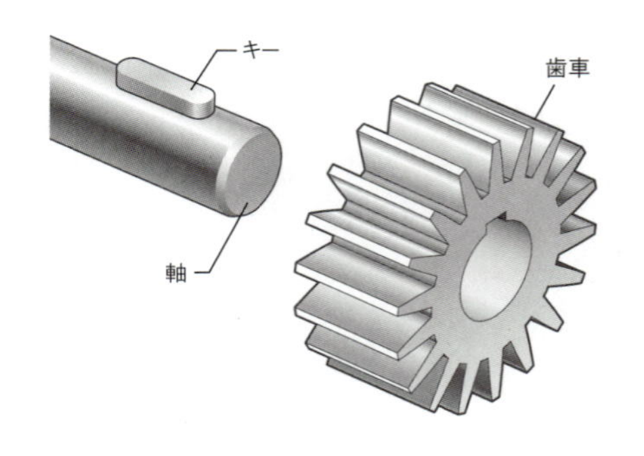

図40　キーの働き

図41に示すように、キーには用途別にいくつかの種類があります。**平行キー**は4面とも平行な一般的なキーであり、適切な寸法のキー溝と合わせて使用します。平行キーは端部形状の違いによって、両丸形、片丸形、両角形があります。また、半月の形状をした**半月キー**は、先端に向かって細くなるテーパー軸に用いられることが多いのですが、大きな荷重の伝動には適しません。キーおよびキー溝の寸法は、JISで規定されています。

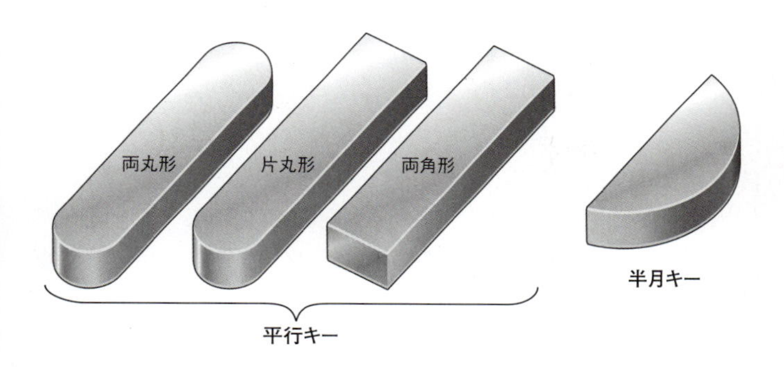

図41　キーのいろいろ

平行キーと平行キー溝を、**図42**に示します。図内に示されているdやhなどの部分には、JISで規定された数値を入れた何種類かの寸法が規定されています。

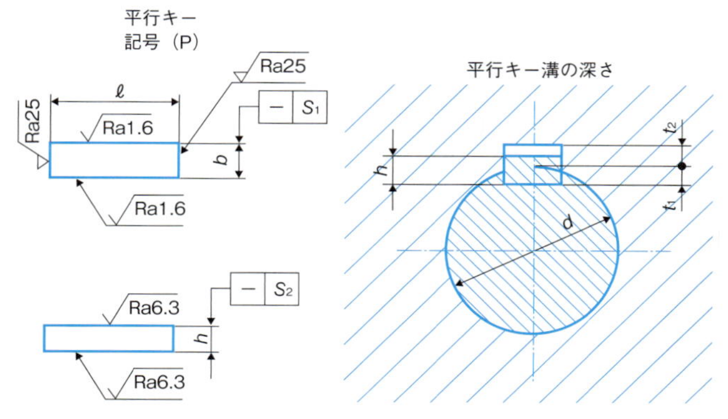

図42　平行キーと平行キー溝の図示

②ピン

ピンは、キーが使用される場所より小さな力が加わる場所に用いられる機械要素です。具体的には軸やねじの回り止めや位置決めなどに用いられており、小さな部品ながら、それらの場所には欠かせないものです。

平行ピンとテーパーピン、割りピンを**図43**に示します。図内に示されているlやa、cなどの部分には、JISで規定された数値を入れた何種類かの寸法が規定されています。

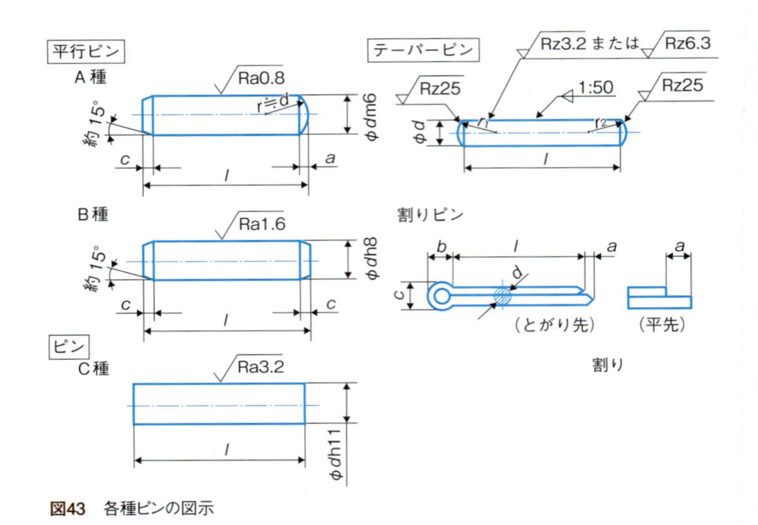

図43　各種ピンの図示

③3D CADによるキーとピンの製図

キーとピンはそれほど複雑な形状ではないため、3D図面を初めから作成することもできますが、SolidWorksのキーとピンのデータがあるので、ここではそれを活用しました。具体的な数値は、その都度入力して形状を決定します。

図44に平行キーと半月キーを示します。**図45**に割りピン、平行ピン、スプリングピンを示します。平行ピンには、一方が面取りありで他方が丸面取りのA種、両端とも面取りありのB種、両端とも面取りなしのC種があります。

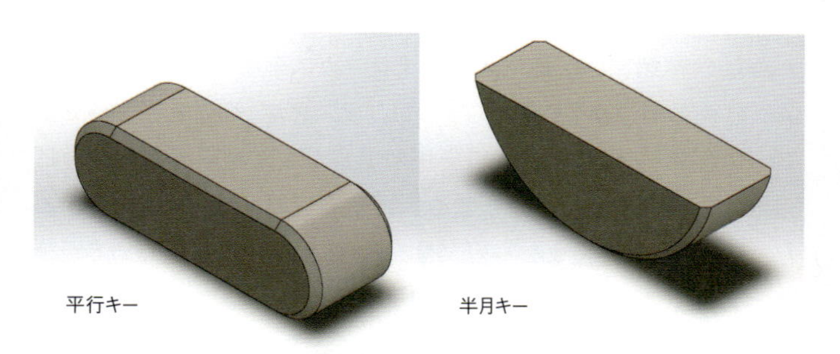

図44　キーのいろいろ

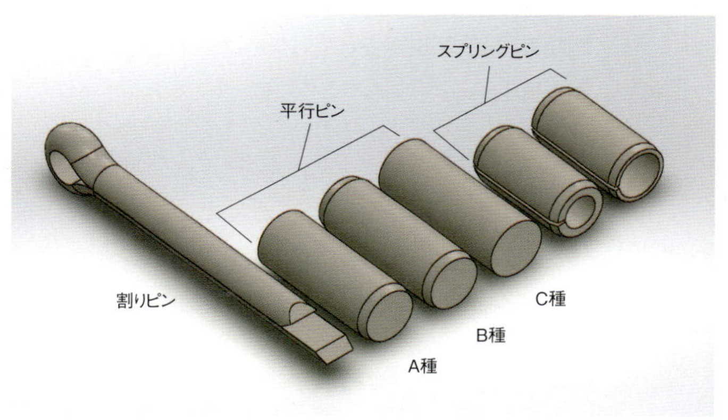

図45　ピンのいろいろ

溶接

①溶接の基礎

溶接とは、材料に応じて接合部が連続性をもつように、熱または圧力、もしくはその両者を加え、さらに必要があれば適切な溶加材を加えて、部材を接合する工作法のことです。

溶接の種類には、酸素とアセチレンガスを用いた**ガス溶接**や、金属材料と溶接棒との間にアーク（プラズマの一種）を発生させる**アーク溶接**、2枚の金属材料を圧着しながら電流を流し、その抵抗熱で金属を溶かして接合する**抵抗溶接**（特に点接触で加圧するものを**スポット溶接**という）、アルゴンなどの不活性ガスで溶融金属と大気を遮断しながら、タングステン電極と金属材料の間にアークを発生させる**TIG（ティグ）溶接**などがあります。

部材を溶接によって結合するものを**溶接継手**といい、溶接部の形状などによって、さまざまな種類があります。加工の指示をだす場合、その都度、**図46**のようなイラストを描いていると大変なため、JISでは溶接記号が規定されています。

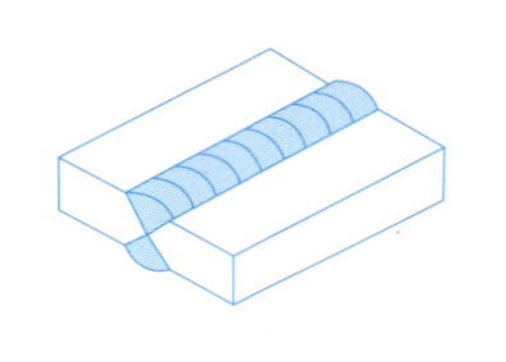

突合せ継手

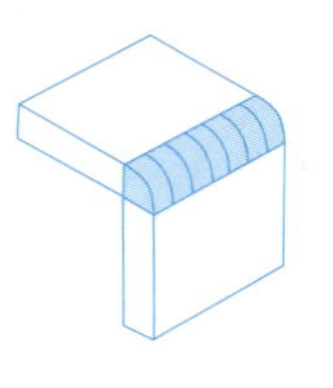

かど継手

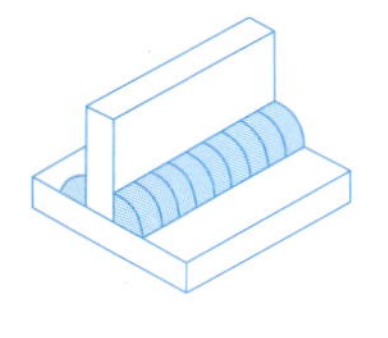

T継手

図46　溶接継手

②溶接の製図

溶接記号は、溶接する部分を**矢**で示し、**基線**の部分に**溶接部記号**を記入します。場合によっては、**尾**から補足的指示をします。

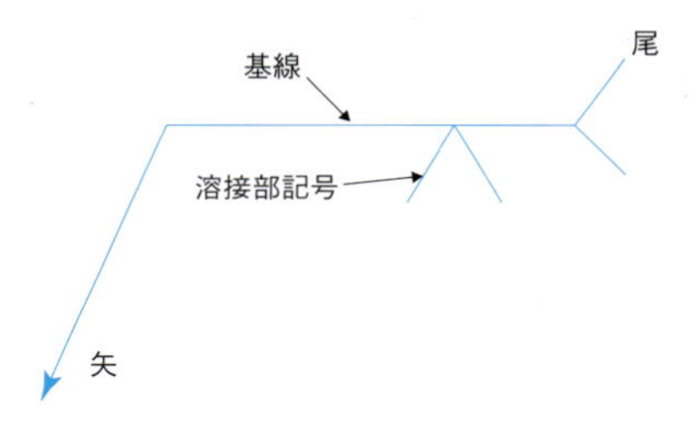

図47　溶接記号の基本形

2枚の板を合わせて溶接する方法はいろいろありますが、シンプルなものをいくつか紹介しておきます。

図48aに示した**I形開先**(かいさき)は、2枚の板を2mmの間隔で並べ、そのすきまを溶接するものです。これを記号で表記したものを**b**に示します。

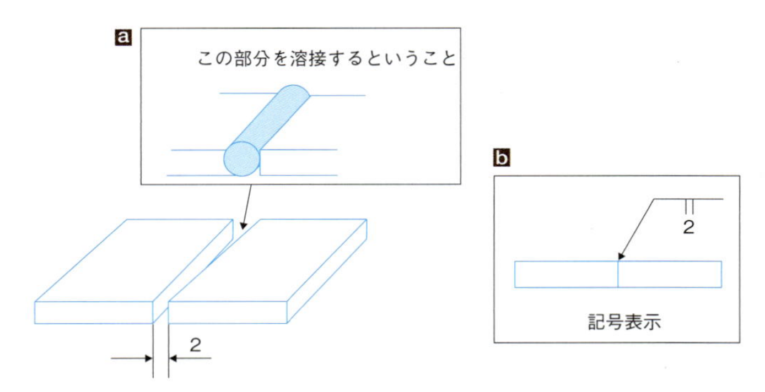

図48　I形開先

溶接個所には、場所に応じてさまざまな形状の開先が使用されます。開先をつけることで、溶接部の盛り上がりを減らし、溶接強度も向上します。代表的な開先である**V形開先**を、**図49**に示します。**a**には、2枚の板の間隔が2mm、V溝の角度が60°、高さが10mmのV形開先を示し、その記号表記を**b**に示します。

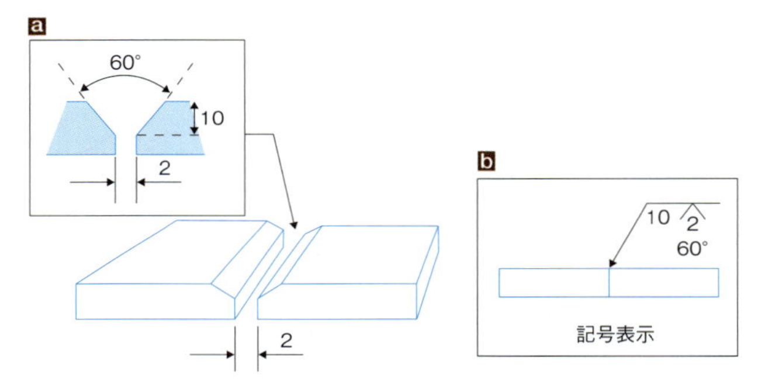

図49　V形開先

2枚の板を垂直にして、すみを溶接していく**すみ肉溶接**と、その記号表記を**図50**に示します。

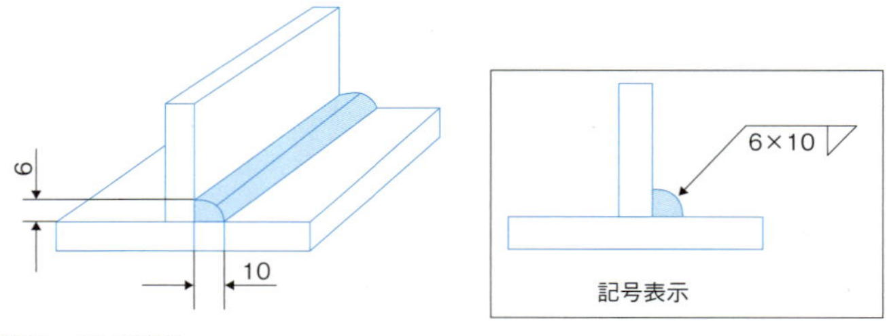

図50　すみ肉溶接

すみ肉溶接で矢の逆側の溶接を示したい場合には、基線の上に三角形の記号を書きます。また、両側を溶接する場合は、基線の上下に三角形の記号を書きます。

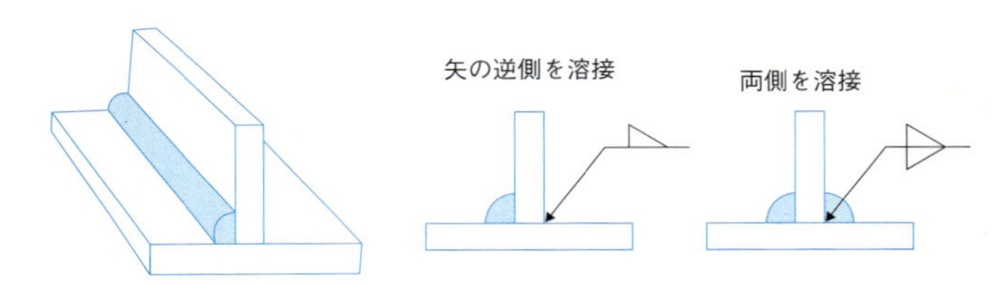

図51　すみ肉溶接

メカノ君：溶接にまで製図が関係してくるとは思いませんでした。機械実習でアーク溶接をしていたので、開先加工が難しかったことを思いだしました。ボクの技術では、まだまだ製図で表されたようなきれいな溶接はできませんね。おそらく溶接職人にはならないと思うので、きちんと溶接を依頼できるような図面を描けるようになりたいと思います。

エレキさん：私は溶接をしたことがないので、ちょっとイメージしにくかったです。でもはんだづけは得意です。

テクノ先生：まぁ、はんだづけと似ているようなところもありますが、なにしろ高温を扱うので、はんだづけ以上に火傷には注意する必要がありますね。

板金

①板金の基礎

金属の板材を加工し、必要な寸法や形状の製品をつくることを**板金加工**といいます。加工の種類には、板材の切断や穴開け、曲げ加工やプレス加工などがあります。板金加工による製作品例を**図52**に示します。これは曲げ加工と穴開け加工、そしてスポット溶接をしています。板金加工は溶接加工と組み合わせてものづくりが行われることがよくあります。

図52　板金加工による製作品

板材をパンチとダイの間にはさみ、パンチを押しつけることで板材を曲げるのが**曲げ加工**です。板材は板厚が一定で、曲げるだけなら図示も簡単だと思われるかもしれません。しかし、加工および図示で意外と手こずることがあるので、いくつかのポイントをまとめておきます。

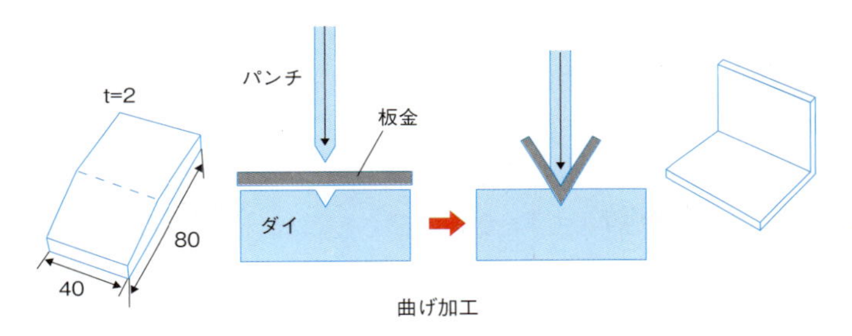

図53　曲げ加工

初めに、板を曲げるということを少しくわしく見てみましょう。ある厚みをもつ板材をはさんで曲げるということは、その部分に曲げ応力が働きます。このとき、パンチの内側には圧縮力、外側には引張力が働いていることがわかります。また、板材の中央付近には圧縮力も引張力も働かない部分があり、これを結んだものを**中立線**といいます。そして、板材の曲げ加工を行う場合、このことが寸法にも影響を及ぼします。

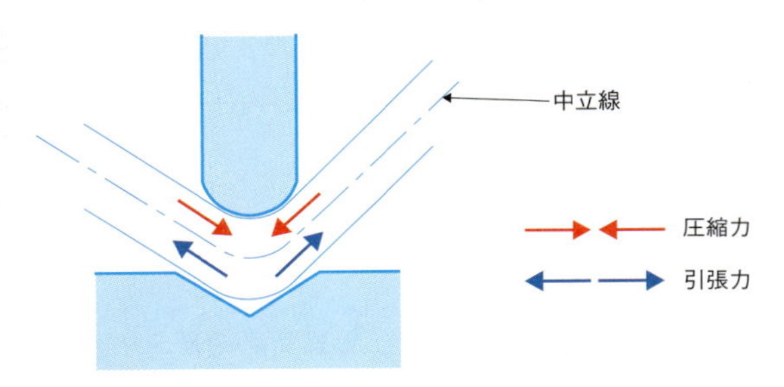

図54　曲げ応力

たとえば**図53**に示したような幅40mmで長さ80mmの板材の中央を、90°に**V字曲げ加工**をすることを考えます。このとき最初の長さがL＝80mmでも、曲げ加工後に長さAと長さBの部分の長さを測定すると合計80mmにはならず、曲げによって81.5mmに伸びたりします。この伸びぐあいは、材料の種類や厚み、V字溝の幅などによって変化するため、補正表を読んだり、初めに試験をしてどのくらい伸びるのかを把握しておく必要があります。CADによっては、材料の種類や厚みなどから、この補正量を自動的に算出する機能をもつものがあります。

L＝A＋B－C　（Cの補正が必要になる）

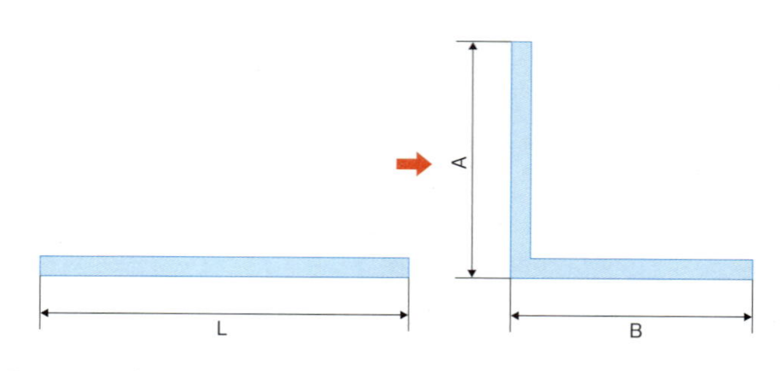

図55　V字曲げ加工

②板金の製図

板金の製図では、この補正量を把握して描く必要があります。また厚みは一定であるため、厚みが2mmの場合は図面内にt＝2と記載すれば、寸法線で厚みを指定しなくてもよくなります。

板材を曲げて穴を開ける簡単な板金の製図例を、**図56**に示し

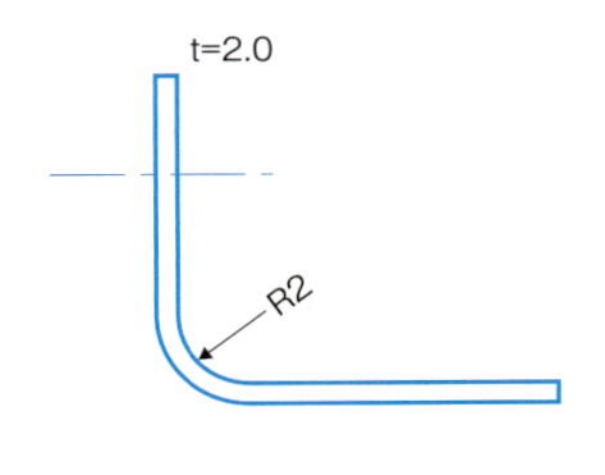

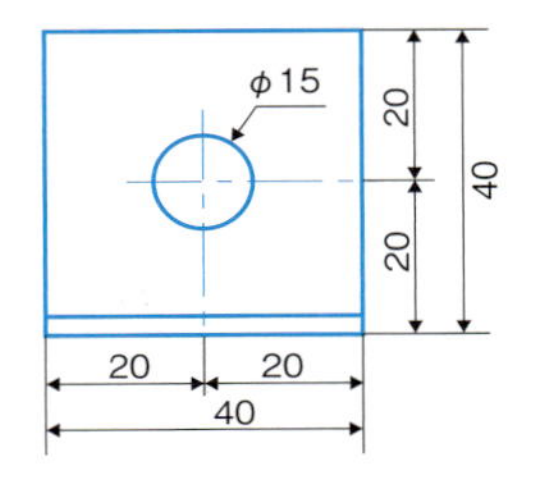

図56　板金の製図

ます。このような簡単に見える図面でも、実際の加工を考えると、穴開けはドリルで行うのか、プレスの打ち抜きで行うのか、また曲げと穴開けはどちらを先に加工するのかなど、いろいろと考えておかなければならないことがあります。

意外と難しいのが、1枚の板に2度の曲げ加工をしてコの字のような形状にする場合です。すなわち**図52**で紹介した形状です。一度曲げた材料の別の部分を曲げようとすると、最初に曲げた部分が加工する機械の一部に接触して、加工できない事態になることがあるからです。

これは板金加工だけに限ったことではありませんが、図面に表すことができても、実際にその加工ができるかどうかは、どのような工作機械を用いて、どのような順序で加工するかによって決まります。そのため、機械製図を行うときは、機械設計や機械工作の知識も必要なのです。総合的にキカイのものづくり力を鍛えていきましょう。

第6章
3D CADによる解析

3D CADは単に図面を描くだけでなく、キカイの動きを表現する機構解析や、キカイに働く力や変形などを表現する強度解析など、さまざまな発展的な活用法があります。本章では、それらのうちいくつかを紹介します。

3D CADの応用的な活用

キカイは「なんらかのエネルギーの供給を受けて、決められた働きをするメカニズムが有用な仕事をする」ものでした。そのため、3D CADでは個別の図面ではなく、複数の部品を組み合わせた機械設計が不可欠です。これを3D CADでは**アセンブリ**と呼ぶことが多いのですが、ここではこれまで作図した部品を読み込んで、部品同士を必要な場所に合致させてみましょう。

こうした作業では、設計して図面に表したキカイが、実際にどのような動きをするかという**シミュレーション**ができると便利です。3D CADで表したリンク機構や歯車機構などの動きを、コンピュータの画面上で確認することを**機構解析**といいます。機構解析をすることで、実際にキカイの各部品を準備する前に動きが確認でき、どこかで部品同士が干渉するようなおかしな設計をしていた場合は、修正できます。

図1　機構解析。2枚の歯車が動くシミュレーションをしているところ

きちんと動くメカニズムが設計できたとしても、そのキカイを動かしたときに、強度不足ですぐ壊れてしまうようではいけません。そのために機械設計では、各部品にどのような力が働き、どれくらいの変形があるかを把握して、それが安全な範囲であるかどうかを確認しておかなければなりません。ただし、複雑な3次元形状になった場合、各部分に働く力や変形を手計算や電卓で行うには限界があります。

そこで、3D CADで設計した図面に対して、ある部品の特定の場所に力を加えたときに、最も力がかかる場所はどこか、また、最も変形する場所はどこかについて、シミュレーションできると便利です。こうしたことを**強度解析**といいます。強度解析を行うことで、キカイの各部分に働く力や変形などがわかり、それらが設計限界を超えていないかを確認できます。

図2は、左端を固定したはりに等分布荷重を加えたときの、各

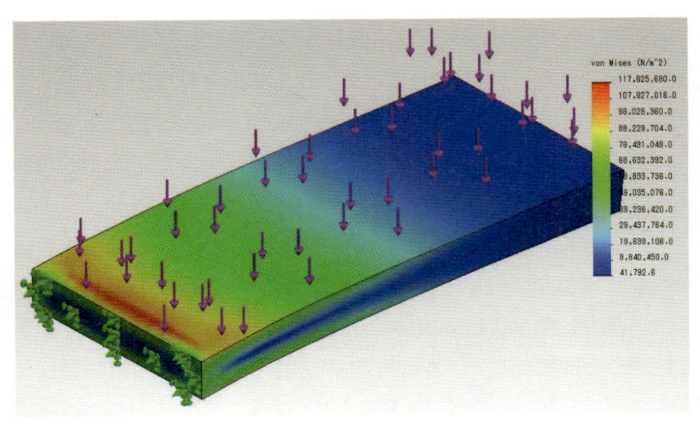

図2　強度解析
左端を固定したはりに等分布荷重を加えたところ

部分の応力の度合いを示したものです。赤い部分ほど大きな応力がかかっていることになります。

また、キカイの動きに関連するものでは、キカイのまわりの水や空気などの流体の流れを知るためのシミュレーションも、盛んに行われています。たとえば、風車をある速度で回転させたときのまわりの空気の流れや、航空機の翼のまわりの空気の流れ、水車の回転と水の流れなどです。

似たようなものとして、キカイのまわりの熱の流れを知るためのシミュレーションもあります。たとえば、自動車のエンジンまわりの熱の流れや、発熱する電子部品に冷却ファンで風を当てたときの熱の流れなどです。

このように、コンピュータを活用して気体や液体の流れを可視化し、流速や圧力の分布で表したり、温度分布の変化を表したりする技術のことを、**熱流体解析**といいます。これらの現象を事前にある程度まで把握できることは、機械設計において重要です。

実は、以前からこのような作業を行うソフトウェアは存在し、**CAE**（Computer Aided Engineering）と呼ばれており、CADとは別のジャンルと見なされていました。現在でも高度な機能をもつ解析ソフトウェアは、CADとは別物として開発されています。一方で、近年のコンピュータの処理速度の向上などによって、3D CADの中にも解析的な作業ができるものが増えています。

また、CADで作成された形状データを入力データとして、数値制御工作機械のNCプログラム作成などを行う技術は**CAM**（Computer Aided Manufacturing）と呼ばれており、これも従来はCADとは別のジャンルのものでした。しかし近年は、CADとCAMが一体になったものも登場しています。

機構解析

①リンク機構のシミュレーション

・てこクランク機構のモデリング

長さがそれぞれ48mm、98mm、108mm、128mmで、幅16mm、厚さ8mmのリンク棒があります。いずれも両端から8mmの位置に直径8mmの穴が開いており、ここに直径8mm、長さ16mmのピンを取りつけて回転できるようにします。これら4本のリンク棒を**図4**に示すように配置して、最短リンクを回転させたときに、これと向き合うリンクに揺動運動をさせるためのてこクランク機構のモデリングを行いなさい。さらに、最短リンクにモータを配置して回転を与え、メカニズムのシミュレーションを行いなさい。

ピン

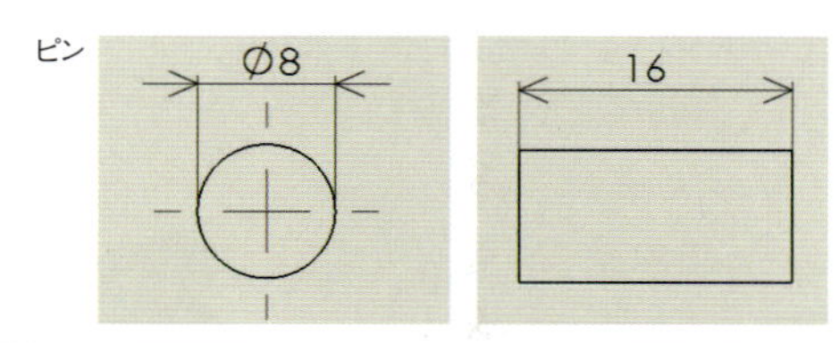

リンク棒

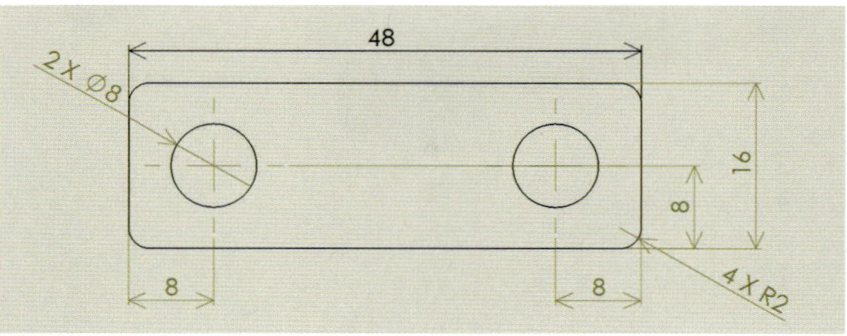

図3　てこクランク機構の部品。リンク棒の48mmの部分の長さが変化する

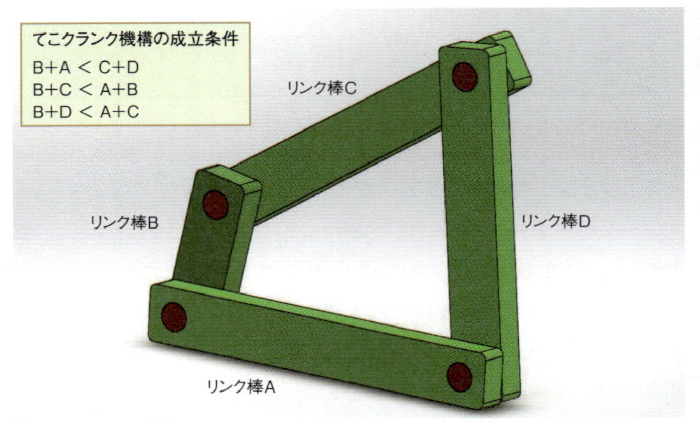

図4　てこクランク機構

作図例

(1) リンク棒を作図する

初めに最短のリンク棒Bを作図します。その後、長さの数値を変えることで、ほかのリンク棒も作図します。

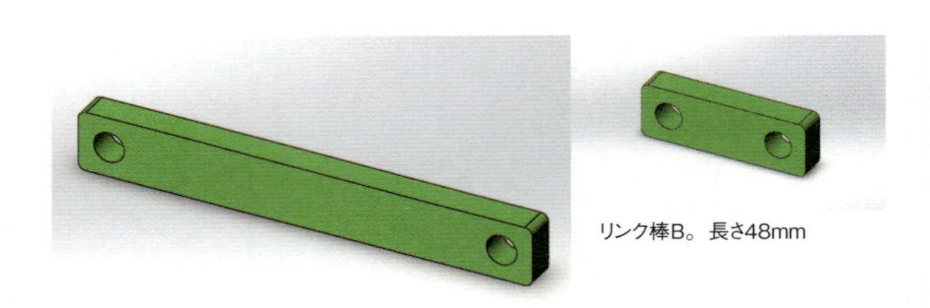

リンク棒B。長さ48mm

リンク棒A。長さ128mm

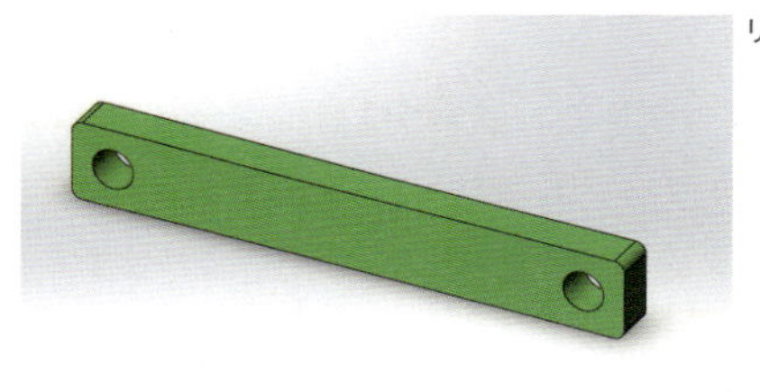

リンク棒C。長さ108mm

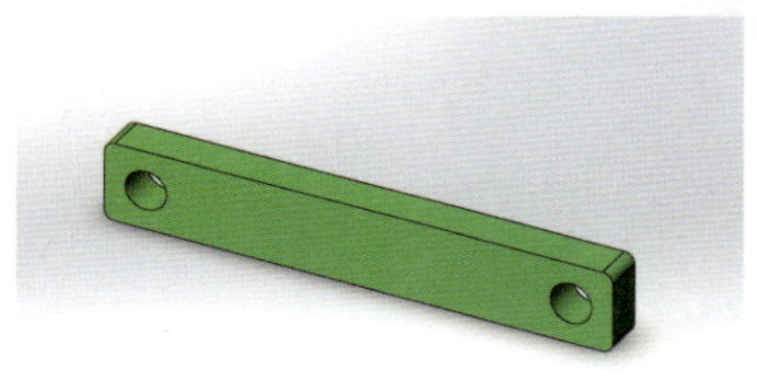

リンク棒D。長さ98mm

図5　リンク棒の作図

(2) ピンを作図する

円筒形のピンを作図します。1つ作図すればよく、4つ使うことを表すためにコピーしておきます。

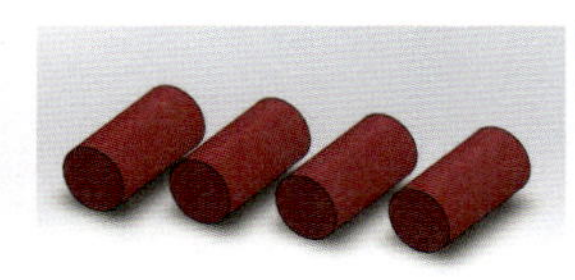

図6　ピンの作図
ピンは直径8mmの円×長さ16mm

メカノ君：リンク機構は機械設計で勉強したし、ここまでの図形の作成はわかりました。いよいよここから部品を組み合わせるアセンブリですね。部品が動きだすなんて、ワクワクします。

(3) アセンブリの開始

それぞれのリンク棒を呼びだして、ピンの位置で合致するように合わせていきます。

最初に、土台となるリンク棒Aと最短のリンク棒Bを合わせます。

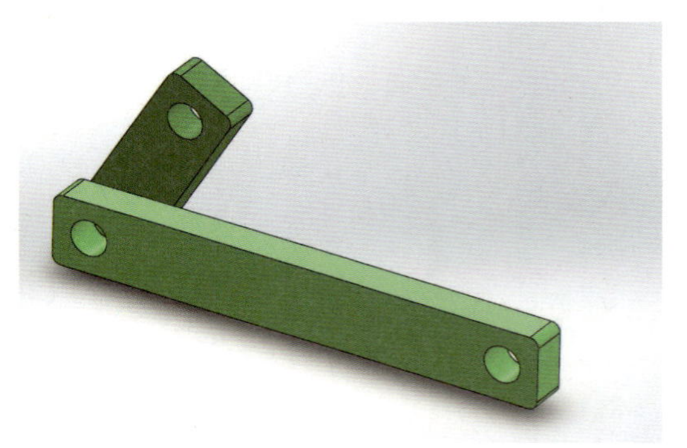

図7 リンク棒Aとリンク棒Bの合致

次に、リンク棒Aのもう一方の穴にリンク棒Dを合わせます。

図8 リンク棒Aとリンク棒Dの合致

最後に、リンク棒Bとリンク棒Dにリンク棒Cを合わせ、すべての穴にピンを挿入します。

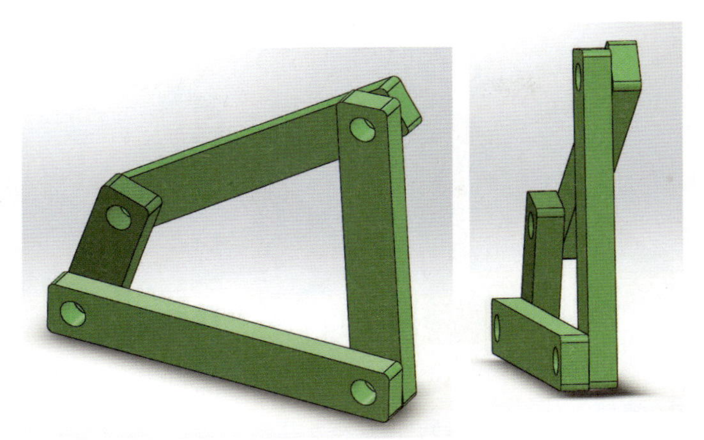

図9　リンク棒Bとリンク棒Dにリンク棒Cを合致させる

図10　ピンの挿入

メカノ君： おぉ、こんなふうに部品を組み合わせていくことで、リンク機構ができるのですね。おもしろいです。

この状態で、最短リンクBにマウスを合わせてグリグリすると、それに連動してほかのリンクも移動します。

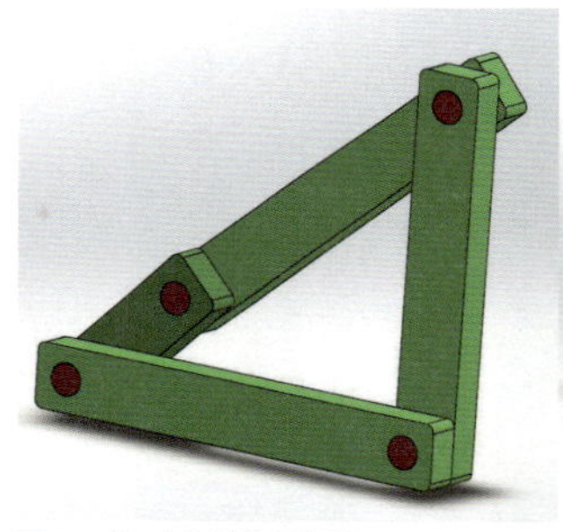
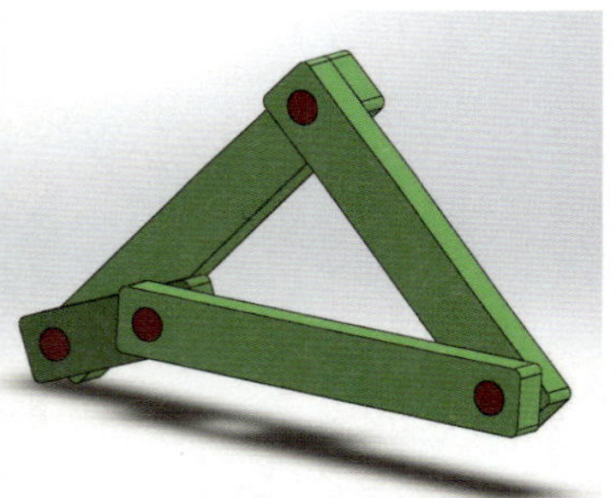

図11　リンクの運動の確認

メカノ君：てこクランク機構が動いています。スゴイ！　このメカニズムは、最短リンク棒Bを回転させると、向かい合うリンク棒Cが一定範囲を揺動運動するというもの。揺動する角度は、余弦定理などを用いて導くことができました。

エレキさん：でも、マウスでグリグリするのでは動きが安定しないので、一定の回転を継続できるような方法はないかしら？

テクノ先生：なかなかよい指摘です。このソフトウェアはシミュレーションの機能が充実しているので、もちろんできます。試しに、最短リンク棒Bにモータを取りつけて、1分間に30回転させる設定でシミュレーションをしてみましょう。

メカノ君：そんなことができるんだ～。それなら、たとえばロボットコンテスト用に、ボールを拾う部分のメカニズムにてこクランク機構を使うとどう動くのかが、画面上でシミュレーションできますね！

テクノ先生：そうですね。いろいろ覚えて、ぜひロボットの設計に役立ててください。

そう言うと、テクノ先生は手際よくモータの画面をだし、回転速度を「1分間に30回転」と入力して、シミュレーションを開始しました。

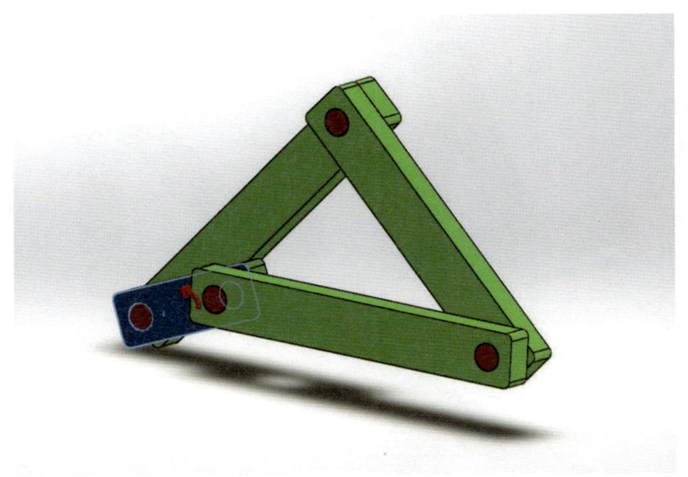

図12　最短リンク棒Bにモータを設置

メカノ君：わぁ～、すごいです。このメカニズムがどのような動きをするのかが、とてもよくわかります。

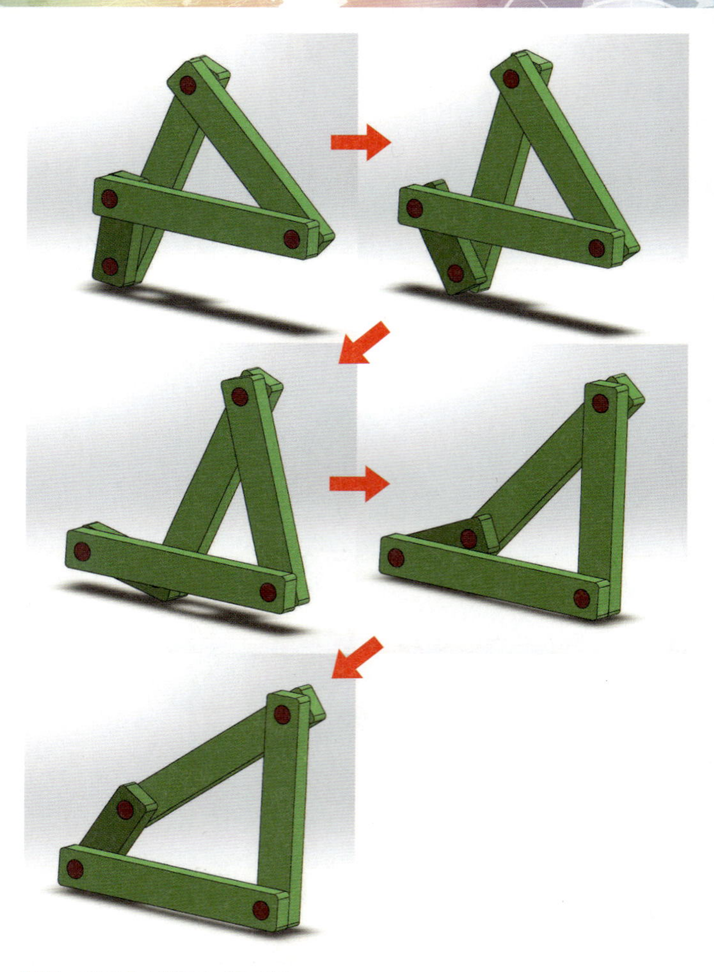

図13　てこクランク機構の一連の動き

エレキさん：わあ〜、すごいね。自動的に回転しています。これはおもしろいです。

テクノ先生：ほかにも、シンプルに輪郭線だけを表示したり、色を変えるのも簡単なので、1つのアセンブリを作成するだけで、いろいろなことができますよ。

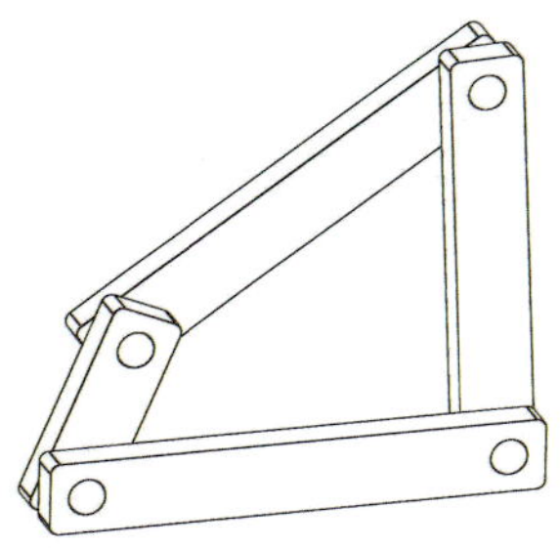

図14　輪郭線のみの表示

図15　色を変更したもの

メカノ君：このままプレゼンテーションの資料に使えそうだし、便利ですね。3D CADにこんな機能まであるとは思いませんでした。いま設計している、羽ばたきロボットのメカニズムのシミュレーションに挑戦したいと思います。

エレキさん：いきなり羽ばたき機構というのは、飛躍しすぎだと思うけど……。でも、がんばってね。私もいろいろ覚えたい！

②歯車機構のシミュレーション

・歯車機構のモデリング

　モジュールが5で、歯数が16枚と48枚の平歯車を回転させる歯車機構のモデリングを行い、少ない歯数の歯車を1分間に30回転させる歯車機構のシミュレーションをしなさい。

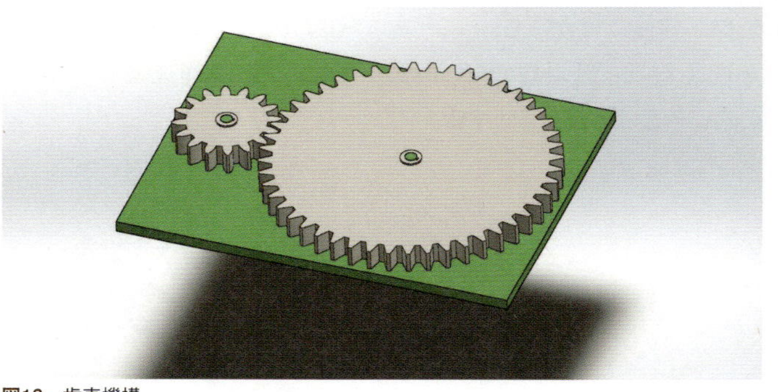

図16　歯車機構

作図

(1) 歯車を準備する

小歯車Z1 = 16、大歯車Z2 = 48とします。かみ合う歯車のモジュールは等しいため、どちらの歯車もモジュールは5です。

平歯車を選択すると、モジュール、歯数などを入力するプロパティ画面が現れるので、そこに数値を入力します。圧力角度は一般的に20°、軸直径は10mm、ハブ直径は18mm、全体長さは

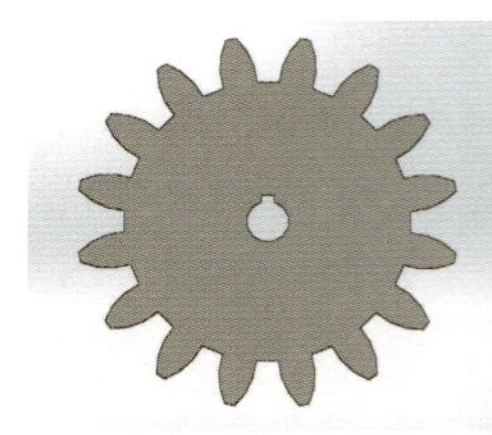

図17　小歯車の選定

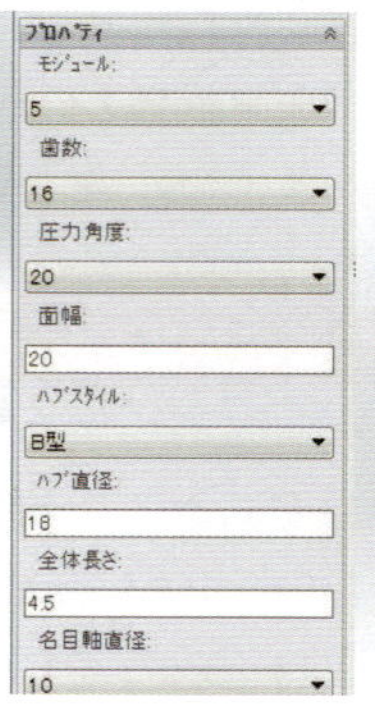

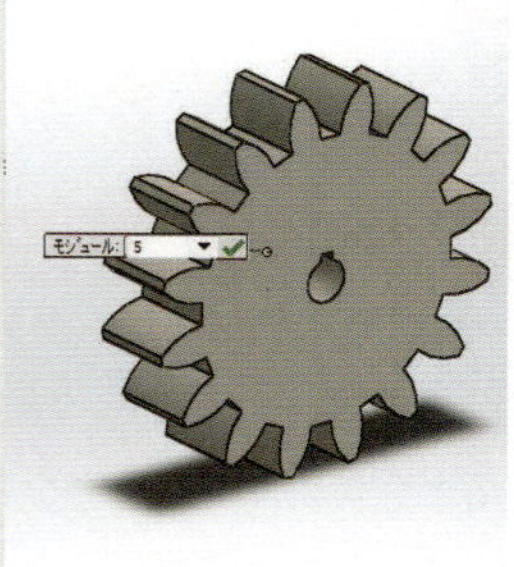

4.5mmにします。指定されていない数値は適当に入力します。また、ハブスタイルはB型、キー溝は角を選択しました。これを「gear1」として保存します。

同様に大歯車を選定し、これを「gear2」として保存します。

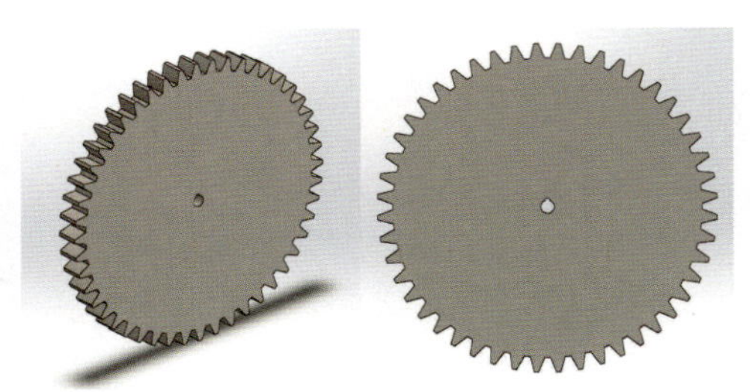

図18　大歯車の選定

(2) 歯車を回転させる土台を作成する

土台の大きさを検討するために、歯車をかみ合わせたときの寸法を求めます。

歯車の基本公式$d = mz$（直径＝モジュール×歯数）より、gear1とgear2のピッチ円の直径d_1とd_2は、それぞれ$d_1 = 5 \times 16 = 80$、$d_2 = 5 \times 48 = 240$となり、中心距離aはそれぞれの半径を足したものなので、$a = 40 + 120 = 160$となります。これらの数値より、2枚の歯車がかみ合うときの横幅は320mm、縦幅は大歯車の直径より240mmとなります。

これらの数値を踏まえて、土台の大きさは、横幅と縦幅の最大値よりも20mmだけ大きな寸法の340×260mmとします。なお、板厚は10mmとします。2つの軸は土台の表面から22mmだけ押し出しました。

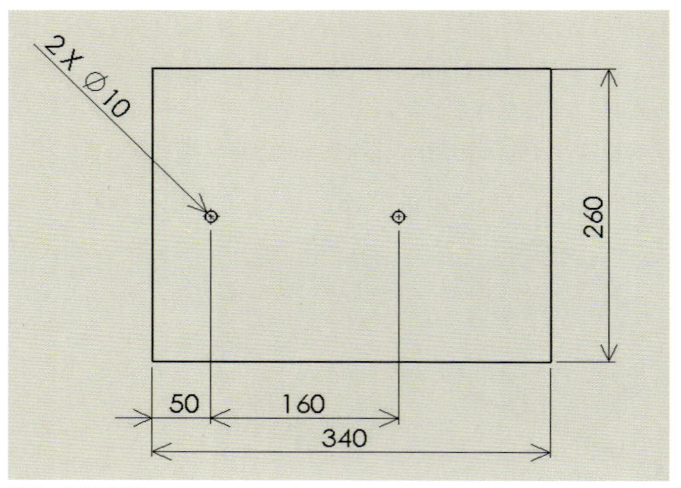

図19　土台の図面

図20　土台のモデル

(3) 歯車と土台を合わせる

アセンブリを用いて土台を読み込んだあと、2枚の歯車を挿入します。このとき歯車はランダムな場所に現れるので、リンク機構の場合と同様に、歯車の中心と軸の合致を行います。

図21　土台と歯車

合致のコマンドで、2枚の歯車と軸を合わせることができました。ここで、小歯車をマウスで回転させても、そのままでは大歯車とはかみ合わず、すり抜けてしまいます。そうならないように、**機械的な合致**という設定で、それぞれの歯数の数値などを入力してやると、ようやく歯車がかみ合うようになります。

図22　歯車機構のモデル

歯車のかみ合い部分を拡大すると、きちんと歯車がかみ合っていることがわかります。

図23　かみ合い部の拡大図

メカノ君：わぁ～、すごい。リンク機構もおもしろかったけど、歯車機構もメカメカしくていいですね。

エレキさん：私もそう思うわ。これにもモータを取りつけると、自動的に回転させることができるんでしょうね。リンク機構と同じコマンドを使って、チャレンジしてみましょう。

図24　小歯車にモータを設置

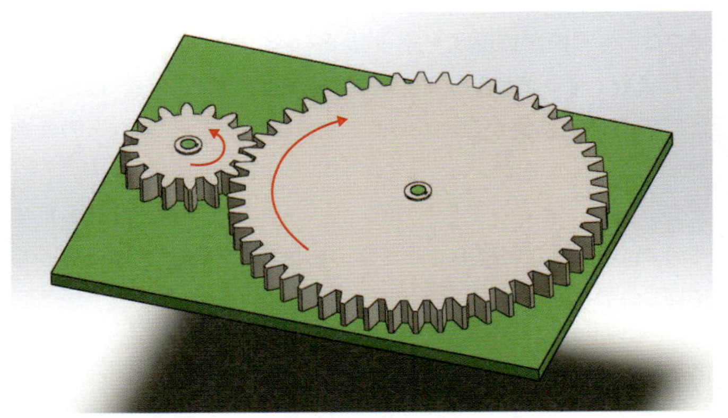

図25　歯車のシミュレーション

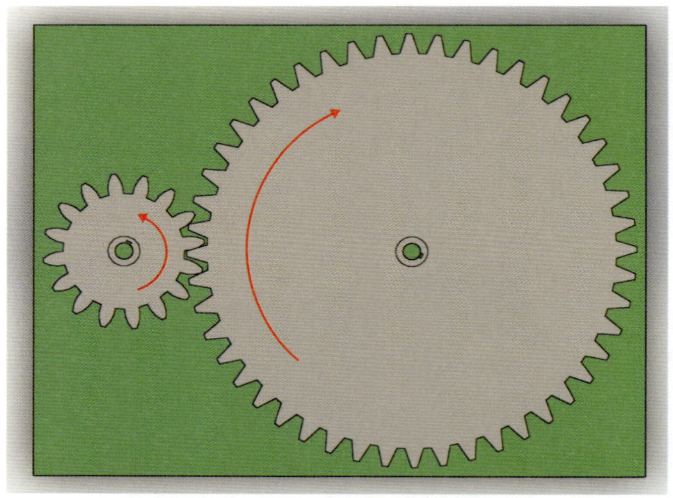

図26　歯車のシミュレーション(平面図)

エレキさん：クルクル回り始めましたね。3D図面なので、いろいろな角度からながめることができます。こんなシミュレーションができると、その後に部品を組み立てていくのが楽しくなりますね。
メカノ君：そうだね。シミュレーションは大事だけど、最終的には実際の機械部品が動かなければならないので、これからの作業がまた大事になるね。
テクノ先生：まさしくそうです。シミュレーションだけで満足するのではなく、この結果を、実際の機械設計や機械工作に生かしてほしいですね。

歯車の中心距離である160mmを保つことで、3つの歯車をもつ歯車機構を作成することも可能です。**図27**に、3枚の歯車のかみ合いをもつ歯車機構のモデルを示します。

このモデルでは、1つの小歯車を駆動させると、その回転が大歯車に伝わり、さらにもう1つの小歯車に伝わります。小歯車の大きさが同じ場合は、2つの小歯車の回転速度が同じになります。

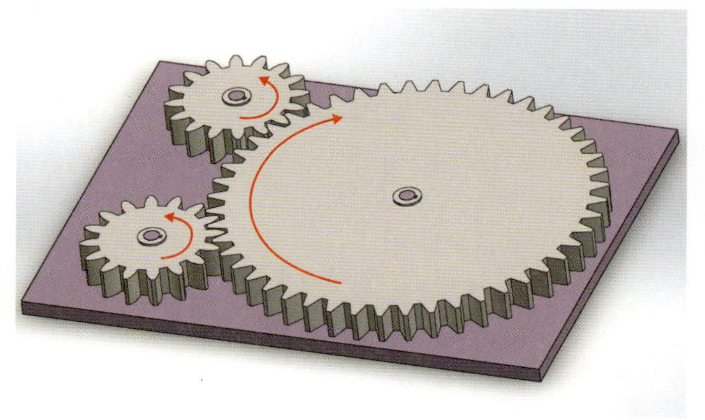

図27 3枚の歯車のかみ合い

テクノ君：ちょうど先日の機械設計の授業で習った内容です。3D CADを始めて何度も感じたことは、やはり3D CADは図面を描くための道具であり、単にコマンドを覚えたところで、機械設計のことがわかっていないと図面を描くことはできないということです。3D CADを覚えたことでそのことが認識できたので、今後のものづくりに大いに役立つと思います。

強度解析

①応力とひずみ

3D CADで設計した図面に対して、ある部品の特定の場所に力を加えたときに、最も力がかかる場所はどこであるか、あるいは、最も変形する場所はどこかについてシミュレーションすることを、**強度解析**といいます。

材料の強度で多く用いられる指標に、**応力**と**ひずみ**があります。応力は、単位面積あたりどのくらいの力が働いているかを表したものです。応力解析では、ある機械部品において、どの部分に最も大きな力が加わるかを把握したり、強度の基準値を下回る場所があるかを把握することなどに用いられます。

たとえば、断面積400mm^{2}の丸棒に196kNの引張荷重が加わったときの応力は、下の式より $\frac{196 \times 10^3}{400} = 490\,[\mathrm{N/mm^2}]$ です。

$$応力 = \frac{力\,[\mathrm{N}]}{断面積\,[\mathrm{mm^2}]}$$

強度が足りていても、材料が変形して困ることもありますが、応力だけでは材料の変形に関する情報は得られません。ここで、もう1つの指標となるひずみが登場します。これは元の長さに対する長さの変化量を表したものです。

たとえば、長さ100mmの材料が引張荷重を受けて0.01mm変形したときのひずみは、下の式より $\frac{0.01}{100} = 0.0001$ になります。

$$ひずみ = \frac{長さの変化量}{元の長さ}$$

②強度解析のシミュレーション

・片持ちはりに働く等分布荷重

断面積が50 × 10mmの長方形で、長さが150mmの炭素鋼の片持ちはりの片端を固定して、上面全体に1000Nの等分布荷重を加えたときの、応力とひずみの関係を求めなさい。

作図

(1) 長方形断面のはりを作図して、片端（左側）を固定する

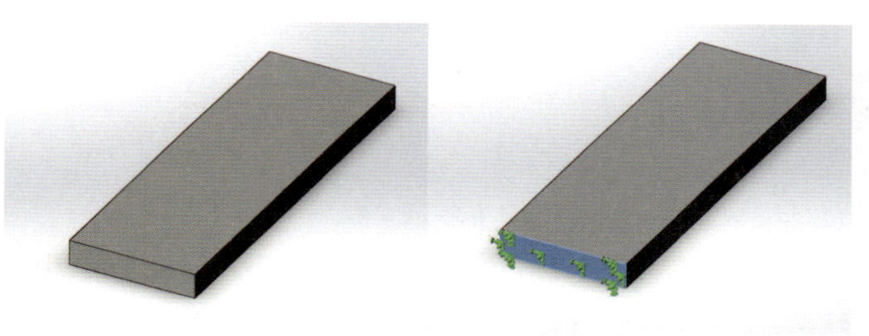

図28　はりの作図　　**図29**　片端（左側）を固定

(2) 上面全体に1000Nの等分布荷重を加える

このとき、材料である炭素鋼に関する**物性値**なども入力します。

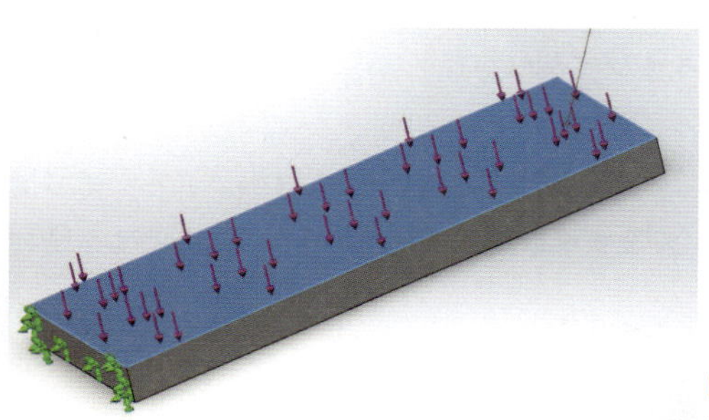

図30　上面全体に等分布荷重を加える

(3) 強度解析のシミュレーションを実行する

計算を実行すると、はりが動きだします。

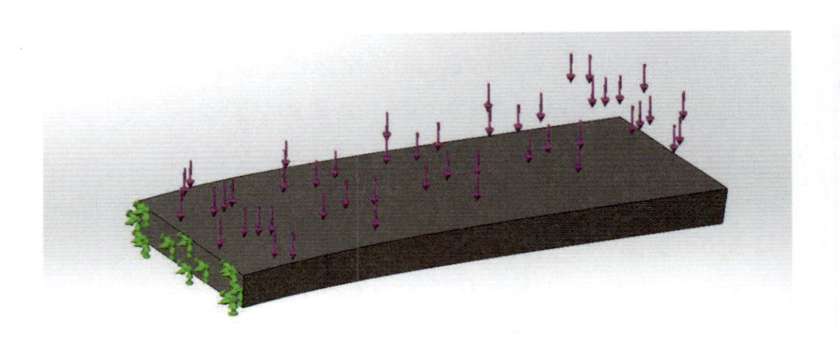

図31 計算開始

(4) シミュレーションの結果を表示する

計算が終了すると、応力の分布とひずみの分布の結果が、別々に表示されます。

・応力について

応力のシミュレーション結果を**図32**に示します。応力が多く働いている場所を赤、少ない場所を青で表しています。左端を固定しているため、端部に大きな応力が加わることがイメージできますが、そのような結果が得られました。

メカノ君：シミュレーションっておもしろいですね。こんな感じで各部分に働く応力やひずみを知ることができるのは、とても便利だと思います。

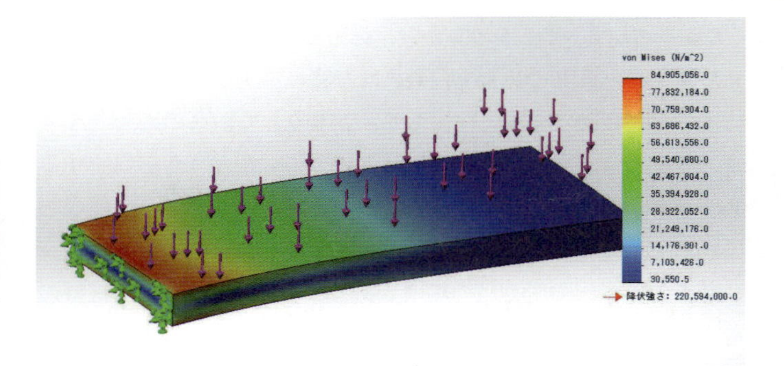

図32　応力のシミュレーション結果

・ひずみについて

ひずみのシミュレーション結果を**図33**に示します。ひずみが大きい場所（すなわち変形が大きい場所）を赤、小さい場所を青で表しています。右側の固定していない部分の変形が大きいことがイメージできると思いますが、そのような結果が得られました。

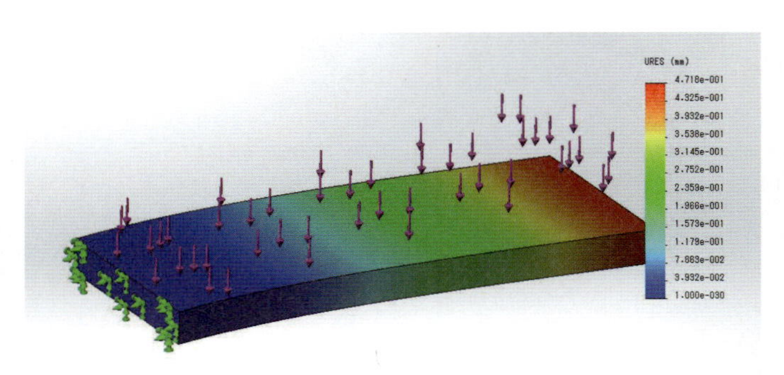

図33　ひずみのシミュレーション結果

これらのシミュレーションから、応力とひずみの分布がわかりました。これを設計に生かすためには、特に応力とひずみの最大値に問題があるかどうかを検討します。すなわち、この部材をキカイのある部分に利用したときに、問題がないかどうかを判断する必要があります。この判断の基準となる数値は、設計者が総合的に判断して規定します。

計算の結果、強度不足の場所があった場合は、たとえば材料の形状や大きさを再検討したり、同じ形状のままでも、より強度のある材料に変更したあとに、再計算を行います。

・中央に穴がある片持ちはりに働く等分布荷重

次に、同じ片持ちはりの中央に直径が30mmの穴が開いている場合のシミュレーションをしてみましょう。荷重は同じ1000Nとします。

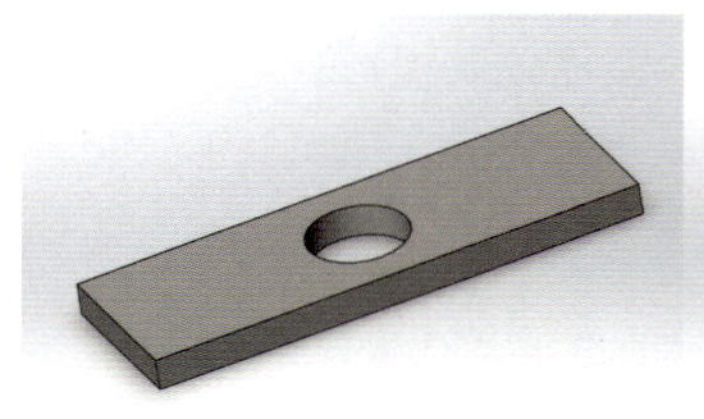

図34　片持ちはりのモデル

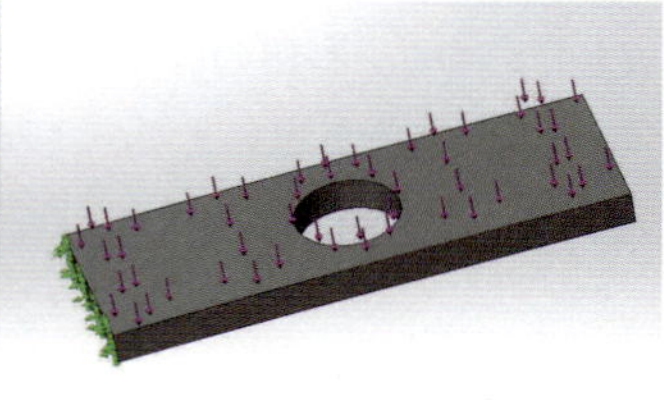

図35　等分布荷重を加える

応力のシミュレーション結果を**図36**に示します。穴が開いている部分に、応力分布の変化が見られることがわかります。

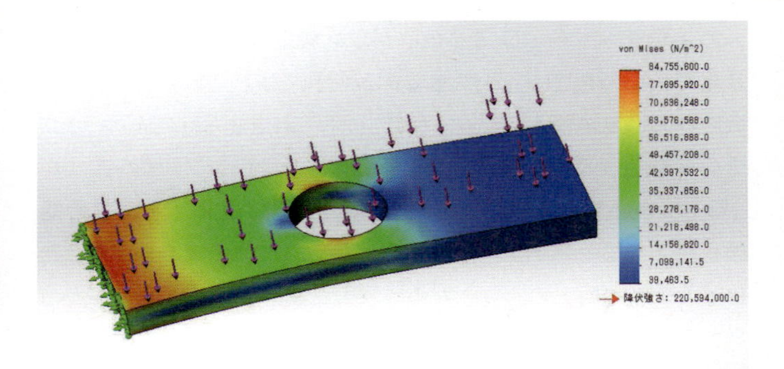

図36　応力のシミュレーション結果

ひずみのシミュレーション結果を**図37**に示します。中央に穴が開いていても、ひずみの分布に変化は見られないことがわかります。

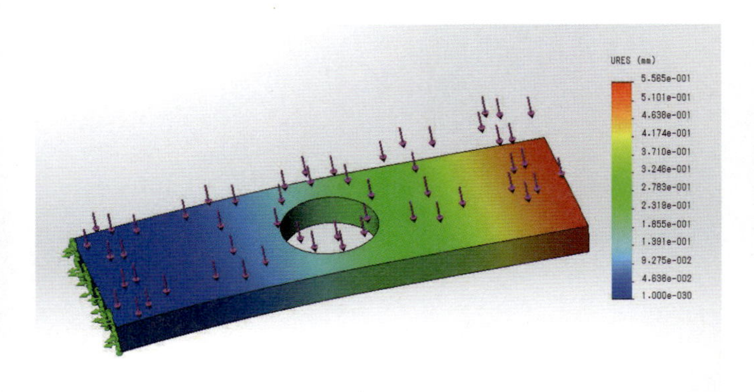

図37　ひずみのシミュレーション結果

メカノ君：へぇ～、シミュレーション機能はすばらしいですね。変化の大小が色で見分けられるのが便利です。これがあれば、機械設計の計算練習をしなくてもすむかもしれませんね。

テクノ先生：こらこら。確かに、このくらいシンプルなシミュレーションだったら、材料力学の公式にあてはめてみても同様の結果が得られると思いますが、手計算の勉強をおろそかにすることはできませんよ。

メカノ君：はい、よくわかりました。

おわりに

機械製図を学ぶ基礎とはなにかを意識しながら『基礎から学ぶ機械製図』をまとめ、『基礎から学ぶ機械設計』『基礎から学ぶ機械工作』と合わせた3部作を完成させることができました。

機械工学の世界にも技術の進歩の波が押し寄せていますが、コンピュータが安価になり、2D CADだけでなく、3D CADまでもがフリーで使用できるものも増えている現在、これらを活用する能力は3Dプリンタやレーザー加工機などのデジタル工作機械とともに、ますますデジタルなものづくりを身近なものにしています。デジタルなものづくりの市民工房であるファブラボも各地に数を増やしており、ものづくりができる環境はますます整いつつあります。また、これらのデジタル工作機械を活用して、個人が自分だけの一品を設計・製作することも増えつつあり、個人のアイデアを製品化してビジネスを始める事例も増えています。

執筆当初はもう少し3D CADに関する記述が多くなることを想定していましたが、執筆を進めていくなかで、初心者が2D CADでの製図を学ぶことなく3D CADを学ぶのは不可能なのでは、と思うことが多々あり、2D図面での説明が増えました。その大きな理由の1つは、機械製図の製図規則が2D図面向けに作成されているためです。たとえば、3D図面で立体的な図を示すことは、2D図面で基本となる、正面図・平面図・側面図で構成された第三角法の図を見て、立体的な図を頭の中でイメージすることより楽なように思えます。逆に、1枚の3D図面に各部の寸法をすべて表記することは難しいのです。もちろん、各部の寸法を表記しなくても、その3D図面は寸法に関する情報をもっているため、そのデータを3Dプリンタに転送すれば、立体物を出力することは可能です。

ただし、本書のスタンスは機械製図であるため、キカイの特徴である部品と部品とが接触する場合のはめあいに関する事項や、表面粗さに関する事項、そして寸法公差や幾何公差など、2D図面で説明しなければならない事項も解説しました。また、歯車やねじ、ばねなどの機械要素の製図に関しても、2Dでの簡易図面の表記法などは、キカイを学ぶ基礎として知っておくとよいと思います。

現在、インターネットとモノが結びつくIoT(Internet of Things)、これまで生産現場で部分的に導入されてきたFA(Factory Automation)とビッグデータ、センサ、AIなどを用いたIoT技術との融合により、工場システムがネットワークでつながるスマート工場を目指すインダストリー4.0などの動きが急速に進行しています。この動きが進行すれば、将来的にはすべての設計図は3D CADで描かれて、それが電子データとして飛び回るという未来が想像できます。しかし一方で、いまだに2D図面をFAXでやり取する場面も見受けられます。今後、2D CADから3D CADへ移行することは確実で、将来的には一貫してつながる工場が広がるのかもしれませんが、しばらくは、2D図面と3D図面とが共存するのではと思います。

そのことを理解しながら、機械製図の基礎を身につければ、それぞれの環境に最適なCADの操作法を覚えていただけるものと思います。ただし、あくまでもCADは製品設計の支援を行うツールです。機械設計や機械工作の知識を総合的に身につけながら、クリエイティブなキカイを図面に表せるようになってほしいと思います

《参考文献》

大西清/著『要説 機械製図』(オーム社、2015年)

山田 学/著『図面って、どない描くねん! ―現場設計者が教えるはじめての機械製図』(日刊工業新聞社、2005年)

山田 学/著『図解力・製図力おちゃのこさいさい―図面って、どない描くねん! LEVEL0』(日刊工業新聞社、2008年)

山田 学/著『図面って、どない読むねん! LEVEL00―現場設計者が教える図面を読みとるテクニック』(日刊工業新聞社、2010年)

小峯龍男/著『「製図」のキホン』(SBクリエイティブ、2013年)

『JISハンドブック 製図』(日本規格協会、2015年)

索引

サイエンス・アイ新書 発刊のことば

science·i

「科学の世紀」の羅針盤

20世紀に生まれた広域ネットワークとコンピュータサイエンスによって、科学技術は目を見張るほど発展し、高度情報化社会が訪れました。いまや科学は私たちの暮らしに身近なものとなり、それなくしては成り立たないほど強い影響力を持っているといえるでしょう。

『サイエンス・アイ新書』は、この「科学の世紀」と呼ぶにふさわしい21世紀の羅針盤を目指して創刊しました。情報通信と科学分野における革新的な発明や発見を誰にでも理解できるように、基本の原理や仕組みのところから図解を交えてわかりやすく解説します。科学技術に関心のある高校生や大学生、社会人にとって、サイエンス・アイ新書は科学的な視点で物事をとらえる機会になるだけでなく、論理的な思考法を学ぶ機会にもなることでしょう。もちろん、宇宙の歴史から生物の遺伝子の働きまで、複雑な自然科学の謎も単純な法則で明快に理解できるようになります。

一般教養を高めることはもちろん、科学の世界へ飛び立つためのガイドとしてサイエンス・アイ新書シリーズを役立てていただければ、それに勝る喜びはありません。21世紀を賢く生きるための科学の力をサイエンス・アイ新書で培っていただけると信じています。

2006年10月

※サイエンス・アイ（Science i）は、21世紀の科学を支える情報（Information）、知識（Intelligence）、革新（Innovation）を表現する「i」からネーミングされています。

SB Creative

サイエンス・アイ新書

SIS-347

http://sciencei.sbcr.jp/

基礎(きそ)から学(まな)ぶ機械製図(きかいせいず)

3Dプリンタを扱(あつか)うための3D CAD製図法(せいずほう)

2016年1月25日　初版第1刷発行

著　　者　門田和雄(かどたかずお)
発 行 者　小川 淳
発 行 所　SBクリエイティブ株式会社
〒106-0032　東京都港区六本木2-4-5
編集：科学書籍編集部
03(5549)1138
営業：03(5549)1201
装丁・組版　クニメディア株式会社
印刷・製本　図書印刷株式会社

ISBN 978-4-7973-7078-2

SB Creative